策略管理
全球企業案例分析

伍忠賢博士　著

三民書局

國家圖書館出版品預行編目資料

策略管理全球企業案例分析 / 伍忠賢著.－－增訂
二版二刷.－－臺北市：三民，2010
　　面；　　公分

ISBN 978-957-14-3945-7　（平裝）
　　1.策略管理－個案研究

494.1　　　　　　　　　　　　　　　　92020665

©　策略管理全球企業案例分析

著　作　人	伍忠賢
發　行　人	劉振強
發　行　所	三民書局股份有限公司
	地址　臺北市復興北路386號
	電話　(02)25006600
	郵撥帳號　0009998-5
門　市　部	(復北店) 臺北市復興北路386號
	(重南店) 臺北市重慶南路一段61號
出版日期	初版一刷　2009年6月
	增訂二版一刷　2004年1月
	增訂二版二刷　2010年1月
編　　號	S 492980

行政院新聞局登記證局版臺業字第○二○○號

有著作權‧不准侵害

ISBN　978-957-14-3945-7　（平裝）

http://www.sanmin.com.tw　三民網路書店
※本書如有缺頁、破損或裝訂錯誤，請寄回本公司更換。

增訂二版序

～當看個案集跟看金庸小說一樣

三民書局的編輯是本書第一位讀者，他跟我說：「我很喜歡看這本書，完全不像教科書，反而像《天下雜誌》或商戰小說。」的確，金庸的《射鵰英雄傳》、《神鵰俠侶》等 13 本小說令人愛不釋手，不就是劇情緊湊嘛？為什麼企管個案集不能如此？

一、個案討論：策略管理的精髓

在大學的醫學院教學中，實習醫生需臨床看診甚至參加每週一的手術會議、週五的術後檢討，人命關天，因此醫生的養成絲毫不能掉以輕心。

同樣的，策略管理課程是為了培養公司、事業部主管和幕僚所需具備能力，因此必須親臨戰場，至少沙盤推演才會有臨場感，更重要的是才能把所學試著用出來。

個案研究 (case study) 是美國哈佛大學商學院首創，政治大學企管系大學、碩士、博士班，因為有臺灣策略大師司徒達賢教授打下優良傳統，因此也是以個案教學見長。敝人從 1978 年大三時被大師親授，一直迄 1989 年，前後 12 年，從大學、碩士到博士共 4 門課，雖然不能說「盡得真傳」，但是耳濡目染，多少也會吟詩填詞。

二、本書特色

(一)立足臺灣，放眼世界

我所有書皆具有四大特色：架構（源自於理論，所以易懂）、實用（源自於作者的實務經驗）、本土化（臺灣案例）和易讀（圖表加上文筆）。

在個案研究的本書中，由表 0-1 可見，除了「立足臺灣」的 7 個本土個案外，另外還有「放眼世界」的 18 個全球企業案例，希望能讓你更有國際觀。

表 0-1　本書個案分類

地區＼科技水準	傳統產業	高科技產業		
		研　發	生　產	行　銷
臺　灣			chap. 1　國巨 chap. 5 III 台積電 vs. 　　　　聯電 chap. 7 II 華碩電腦	chap. 6 II 大霸電子
	chap. 15 I 台塑集團 chap. 15 II 臺南幫 chap. 18　聲寶			
海　外 1. 美　國	chap. 3　菲利普莫理斯 chap. 5 II 全球車廠 chap. 6 I 可口可樂 chap. 8　金頂電池 chap. 9　沃爾瑪 chap. 10　百事可樂 vs. 　　　　可口可樂 chap. 13　通用汽車 chap. 14 I 嬌生公司 chap. 14 II 福特汽車 chap. 16 II 優比速			chap. 5 I 惠普合併康柏 chap. 7 I 摩托羅拉
2. 英　國	chap. 16 I 維京集團			
3. 德　國	chap. 2　戴姆勒克萊斯勒 chap. 11　西門子			
4. 荷　蘭	chap. 4　飛利浦			
5. 日　本	chap. 17　日產汽車			
6. 南　韓			chap. 12　三星電子	

㈡產業分散

由表 0-1 可見，本書幾乎完全以製造業案例，服務業（只有沃爾瑪、優比速二家）將在其他學程書中來詳細討論。

個案介紹的公司大都是製造業，並不是存有「重工輕服（務業）」的心態，而

是有形的產品容易比較，（金融）服務比較抽象，而且關於製造業的報導也比較多，基於資料取得方便性，我們就採取「資料走到哪裡，書就寫到哪裡」的寫作方式。因此本書有 7 個個案屬於高科技產業，有 18 個（佔 70%）個案屬於傳統產業。

㈢時效性高

美國印地安那大學商學院的會計助理教授馬丁在高等會計學課程上，以 2001 年 12 月的美國安隆（Enron）的財務瓦解進行個案研究。他說：「這是一個幾乎事事都扯上會計的典型個案。」

一些商學院教授說，他們渴望安隆案能替企業個案研究帶進生氣，因為這些案件太常鎖定在老舊的案例上，像是 1970 年代福特 Pinto 汽車油箱爆炸案。（經濟日報 2002 年 2 月 11 日，第 6 版，劉聖芬）

這是美國的大學商、管理學院個案教學的新趨勢，同樣的，從 2002 年我寫教科書與章以附個案、個案研究，例如此書就是最佳例子。

在事件發生時間的抉擇上，絕大部分是最近二年（本書為 2002 ～ 2003 年）的事件。太久的事，容易令讀者有時過境遷、人事已非的感覺，所以我們盡量挑近期、現在發生的個案。

三、續集更精彩

好萊塢的魔咒之一是「續集比較不賣座」，但是許多片像《致命武器》、《魔鬼終結者》、《終極警探》等都演到第四集，製片、導演、主角對劇情的拿捏更有把握。希望你們也會對本書有這樣的感覺，祝你們看得愉快、熱心於個案討論。

伍忠賢　謹誌於新店
2004 年 1 月

自　序

很多人看書都喜歡看一個完整的故事，好知道前因後果；我以前的書大都以說理為主，針對同一個觀念（例如「企業家傲慢假說」）會舉許多小例子來說明，但是很多讀者都覺得讀得不過癮，也就是不知道故事完整的來龍去脈。

一、有關本書

誠如庾澄慶著名的歌「讓我一次愛個夠」，希望這本書也能「讓你一次看個夠」。此外，書中所介紹的個案都是全球（包含臺灣）製造業中數一數二的上市公司，不用多加介紹，都是大家耳熟能詳的，讀起來會很有親切感。

之所以選擇上市公司的另一個原因是資訊公開，針對內文不足的地方（像財務報表），你還可以很容易地經由網路獲取充分的相關資料；此外還可以作後續追蹤，以了解中長期戰果（本書只列短期戰果）。

還有，眼尖的讀者應該注意到了，除了盡量挑美、日、德、韓等先進國家外，在事件發生時間的抉擇上，絕大部分是最近（2001～2002 年）的事件。太久的事，容易令讀者有時過境遷、人事已非的感覺，所以我們盡量挑近期、現在發生的個案。

個案介紹的公司大都是製造業，並不是存有「重工輕服（務業）」的心態，而是有形的產品容易比較，（金融）服務比較抽象，且關於製造業的報導也較多，基於資料取得方便性，我們就採取「資料走到哪裡，書就寫到哪裡」的寫作方式。

二、如何活用本書

每個個案後面，我們只是象徵性列四個討論問題，你可以依「5W1H 架構」（每個個案也是依此）去導出問題。

個案可以一個人或多人分組來討論，但最具有學習效果的便是自己寫個案，由淺入深：

1. 每個個案由你來寫「續集」(Part II、Part III)；

2. 另外寫一個新個案，例如本書寫通用汽車，那你可以寫福特汽車，最重要的是能寫出自己公司、事業部的個案。

最後，盼大家覺得這本書跟裡面的個案討論「好玩」，學習就是要好玩，你讀得高興，也就是我寫書的樂趣。

伍忠賢　謹誌於新店

2001 年 4 月

E-mail: 02-mandawu@hotmail.com

godlovey@ms22.hinet.net

策略管理全球企業案例分析

目　次

第一章

國巨陳泰銘的策略雄心

2001 年 11 月,《遠見雜誌》的封面故事標題是〈飛利浦去,國巨來〉,重點在於報導國巨電子(股票代號 2327)副董事長兼執行長陳泰銘的策略雄心,便是「把國巨變成一個真正全球化公司」。為了快速成長,該公司七年來併購七家同業,其中最有名的是 2000 年 5 月,以 180 億元收購荷商飛利浦被動元件事業部,即高雄楠梓加工區內的飛元 (Phycomp) 和飛磁 (Ferroxcube) 公司,使國巨在電容器和電感器躍居全球前五大。當時,國巨資本額 137 億元、營收 71 億元,而飛元、飛磁營收約百億元,所以是個標準「以小吃大」的併購案。

一、陳泰銘側寫

國巨副董事長兼執行長
陳泰銘(中國時報資料
照片)

1956 年出生的陳泰銘,成功大學工程科學系畢業,26 歲退伍後,就自行創立臺灣阻抗公司,1989 年併入大哥陳木元的國巨公司,當年國巨營收僅 2,400 萬元,但至 2000 年底,營收已達 195 億元。

國巨的核心幹部認為,陳泰銘是拉大集團規模的最大功臣,大他 6 歲的哥哥陳木元,儘管擅長投資和研發,對積極於成長的國巨,不一定最能發揮功力,而陳泰銘則適時補足缺口。他以自己「土法煉鋼」(沒有出國鍍金念書,也沒在其他企業任職過)方式的管理能力,加以控管成本,並以募集資金厚植實力,推動國巨上櫃、再上市,向大眾募集資金,再透過收購企業,讓國巨由一家中小型晶片電阻廠,搖身一變為電阻大廠。(工商時報 2001 年 11 月 11 日,第 8 版,杜蕙蓉)

一向很敢用人,又能充分授權的陳泰銘,塑造出國巨精神、企業文化:「工作認真,玩得也認真」(work hard, play hard)。(經濟日報 2001 年 7 月 26 日,第 35 版,楊子平)

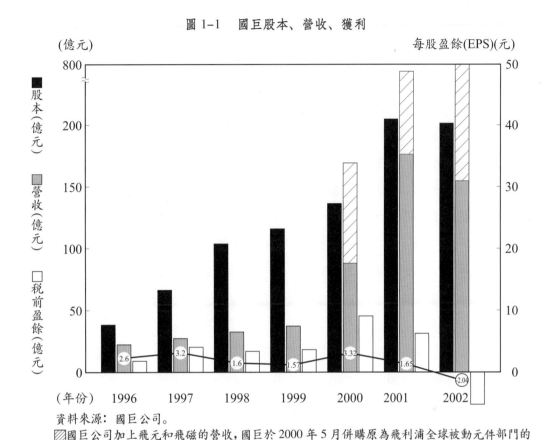

圖 1-1 國巨股本、營收、獲利

資料來源：國巨公司。

國巨公司加上飛元和飛磁的營收，國巨於 2000 年 5 月併購原為飛利浦全球被動元件部門的飛元和飛磁。

二、被動元件產業分析

㈠現況分析

被動元件的應用廣泛，主要在資訊、通訊和消費性電子等 3C 產品，尺寸為 1206、0805、0603、0402（單位：inch），產品單價低，技術層次不高，產業已接近飽和，成長性不高。根據工研院 ITIS 2002 年被動元件產值成長率 7.3%，其中以電容器的年產值成長率最大，電感器次之，電阻的最小。

被動元件產業由日商掌握技術和原料，進而擁有高階產品市場，日商是被動元件之領導廠商。而歐美公司以 Vishay、Bourns 和已被國巨收購的飛利浦被動元

件廠最具代表性,而美國企業則較著重於電阻市場。

近年來,南韓被動元件業者在市場上開始展現企圖心,也是以大集團的子公司為參與產業主要力量。由於南韓企業多角化經營程度相當高,包括家電、資訊、汽車等產業大都是集團企業所把持,因此南韓被動元件業者的產品有相當大的比例是銷售給集團內或南韓其他集團。

大陸於 1980 年代從蘇聯引進被動元件相關技術,1987 年開始量產,生產規模成長速度很快。大陸電阻器晶片化的比率在 1990 年僅 2%,發展至 2001 年已達 60% 以上。就產品技術分析,大陸已具有生產 1005 規格晶片電阻器的技術能力,並且利用 2000 年晶片電阻器市場供不應求的機會,順利進入一些日資企業市場。不過整體而言,外資企業(包含臺資企業)對大陸晶片電阻器產品品質仍有疑慮,還沒有意願大量採購其產品,其主要下游客戶仍以大陸當地公司為主,外資企業使用的比率仍低。

臺灣業者在技術、設備、管理等投下很多苦心,也不斷地提升品質,因此對日本被動元件廠的依賴漸漸降低,材料也逐漸可以自主,相對的外銷比重也逐年成長。赴大陸投資方面,過去主要是利用當地低廉的勞工成本,從臺灣出口原物料至大陸,再由大陸加工製造後銷往歐、美、日市場的模式為主。由於臺商在大陸投資規模的擴大,及大陸本身已逐漸提升其供應原料能力,而逐漸降低從臺灣進口原料,使得兩岸間的分工模式由垂直分工轉變為高低階產品的水平分工。而日商逐漸釋出低階產品訂單的趨勢,加上日系大廠裁員或關廠,許多較低毛益的資訊產品用被動元件市場釋出,臺灣業者具有即時供貨的地域和成本優勢,及大陸生產基地支援,未來仍有相當大空間可以發展。

1999 ～ 2000 年時日本大廠減產,加上通訊市場熱絡帶動相關被動元件產品需求大增,2000 年時 MLCC 和晶片電阻嚴重供不應求,臺灣業者大幅擴產滿足需求;2001 年受通訊、資訊產品需求大幅下滑,造成產能供過於求,價格大幅跌落,被動元件廠商於 2001 年營收和獲利普遍不佳。2001 年 6 月歐、日等大廠產能利用率普遍低於 50%,縱使到 2001 年底也僅介於 50 ～ 70%,而臺灣業者普遍約為 70%。根據工研院 ITIS 報告,以電阻、電感為例,2001 年全球產值分別下降 8.3% 和 12%,2002 年雖然分別成長 4%、5%,然尚未達到 2000 年之全球產值水準。

對臺灣被動元件公司來說，如何跳脫區域市場及低毛益市場，提升至全球競爭格局，是相當重要的課題。國巨併購飛利浦被動元件部門，就是一個很好的例子。國巨在併購後掌握到關鍵材料及研發技術，不但提升其技術能力；更成功地進入歐洲市場，跳脫區域競爭市場，轉型為全球化業者。

㈡產品和技術分析

電阻產品主要為晶片電阻、排阻、可變電阻器和非線性電阻，約佔所有電阻產值的 90% 以上，而全球電阻器主要供應商以美國、日本和臺灣為主。1999 年國巨電阻總生產量，達到單月 65 億支的規模，僅次於日本大廠 Rohm，排名世界第二。國巨技術能力稍具有世界水準，然而，比較高階技術的產品仍屬日本之天下。

電容產品主要為鋁質電解電容、陶瓷電容器、積層陶瓷電容器 (MLCC) 和塑膠薄膜電容等，約佔所有電容產值的 82%，其中以 MLCC 之技術較為高階。而國巨僅具有中低階產品之技術，對於較高階之技術，如 MLCC 之卑金屬技術，則仍落後領導廠商一段距離。

電感則是著重於材料的技術，臺灣電感產品技術約落後日本三年。電感本身材料和其耐電的特性等技術，則遠遠落後於日本領導企業。

國巨集團在臺灣雖具有優勢但是領先幅度不大，很容易被超越；而且產品都局限於比較中低階產品，同業也具有生產能力；加上產品同質性高，很容易被替代，要保有長期領先地位實屬不易。雖然大部分臺灣同業無法像國巨提供一次購足的優勢，但是國巨集團要成為臺灣龍頭，遙遙領先其他同業，卻也還需一番努力。

三、SWOT 分析

㈠機　會

1.日本被動元件廠紛紛把產能轉向通訊元件，而放棄毛益較差的資訊元件市場，其所釋放出來的訂單轉由臺灣企業接收，極具成長空間。

2. 在電子資訊產品即時供貨生產的趨勢下，上游零件供應商被要求就地供貨，而臺灣是全球第三大資訊產品生產國，因此臺灣的被動元件公司擁有此一機會，成為下游系統組裝廠最方便的供應商。

3. 被動元件應用市場廣泛，飛利浦有意出售被動元件部門，國巨如果能收購飛利浦被動元件廠，在此領域的整體競爭力無異是如虎添翼。

4. 整合式被動元件是未來的趨勢，市場成長快速。

(二)威　脅

1. 全球景氣持續低迷，市場需求未如預期成長，導致營運瓶頸。

2. 電子產品低價化，被動元件降價壓力大，壓縮獲利空間。

(三)優　勢

1. 以整體構面看來，國巨的優勢主要為具備三大被動元件產品線，比臺灣同業完整。

2. 成本的控制和效率的改善上，向來皆是優於海內外同類型公司，曾獲得1995 年美國《富比士雜誌》評選為美國以外世界一百大最佳小企業。

3. 公司董事長、副董事長具有「策略雄心」，1994 ～ 2002 年來共併購國內外七家同業，進行全球化的佈局。

4. 技術人員薪資成本較低。

(四)劣　勢

1. 以往國巨被定位以生產較低階產品為導向,其技術比美日先進國落後 3 年。

2. 美、日國家關鍵材料技術領先，擁有掌控權。

3. 產品以元件成品為主，整合式元件的研發能力比較弱，因此無法居於領導者的角色，因而在研發的投入和能力還有待加強。

4. 大陸電子產業的發展，造成供應鏈的改變，在競爭策略的因應上，臺灣將由生產基地轉為研發中心。

5. 因為大陸、東南亞國家工資低廉，下游業者紛紛外移，未來被動元件廠西

進大陸是不可避免的趨勢。

6.金融界和法人機構對於國巨轉投資過多非核心事業的作法並不認同，認為如此將使國巨變成一個龐大的控股公司，並且可能會降低公司財務的透明度，影響未來資金的籌措。(修改自王淑芬等，〈被動元件產業購併綜效之研究——以國巨購併飛利浦被動元件廠為例〉，科技管理學刊，2003 年 9 月，第 38 ～ 43 頁)

四、靠收購快速成長

拜電子業持續成長之賜，全球被動元件需求量不斷增加，單以電阻器需求來看，估計全球產值 47 億美元以上，並以每年 3% 速度成長。被動元件廣泛應用在所有電子產品，電阻使用量最大，其次為電容，電感使用量較少。

臺灣被動元件廠商為提高經營效能，紛紛以擴廠或收購方式，爭取市佔率。國巨在股票上市（1993 年 10 月 22 日）前就躍居臺灣最大電阻器廠。上市後，因為籌集資金較易，得以擴充設備，再依靠高效率的經營管理，逐漸取代日本廠商在臺灣的競爭地位。

全球能夠全數提供各項產品的廠商不多，國巨的目標在提供客戶「一次購足」的需求。1994 年以來，國巨主動透過企業併購方式來加速全球佈局，產品線涵蓋電阻、電容和電感三大被動元件產品，生產銷售據點遍佈亞洲、歐洲和美洲三區，被動元件集團逐漸成形。詳見表 1-1，詳細說明如下。

表 1-1　國巨併購年表

年　份	公司名稱	國　家	國巨持股	金　額	產品／主要市場
1994	ASJ	新加坡	40%		晶片電阻器／東南亞
1996	維特龍 (Vitrohm)	德　國	100%	－	傳統電阻器／歐洲
	智寶	臺　灣	34%	3.3 億元	電容器／亞洲
1997	奇力新	臺　灣	40%	2.78 億元	鐵氧體和電感器／亞洲
1999	Steller/Paccom	美　國	100%	－	經銷商／北美洲
2000	飛元 (Phycomp)	歐　洲	100%	180 億元	MLCC 和晶片電阻／全球
	飛磁 (Ferroxcube)	歐　洲	100%		鐵氧體和線圈／全球

資料來源：國巨公司。

㈠收購 ASJ

1994 年，國巨收購新加坡最大電阻廠 ASJ 公司，成功打入東南亞被動元件市場。1997 年於新加坡掛牌上市。

㈡收購維特龍 (Vitrohm)

1996 年 5 月 22 日，國巨宣佈收購德國維特龍集團，預期為國巨增加 5 億元以上的營業額。總經理李振齡表示，維特龍集團是歐洲前五大電阻器配銷商，年營收約 12 億元，行銷網路遍及歐、美和大陸。

收購後，維特龍集團向日本採購電阻器訂單將轉向國巨，對國巨生產助益很大。對歐洲的銷售僅佔國巨營收約 8%，未來國巨可透過該公司行銷通路，打開歐洲市場。(工商時報 1996 年 5 月 23 日, 第 22 版, 陳昌陽)

在考量當地重工業和汽車工業需求後，專門生產尺寸較大的水泥電阻和繞線電阻，一年後轉虧為盈。

㈢入主智寶電子

聲寶旗下的智寶電子是臺灣最大的電解電容器廠，1996 年資本額為 5.69 億元，營收 16 億元，獲利 0.6 億元，以前每年獲利約 2,000 萬元。當時的董事長陳盛洉邀請國巨總經理陳泰銘加入經營團隊，希望藉由他在被動元件業的專才，帶領智寶更上一層樓。那一年的股東會之後，陳泰銘以國巨公司法人代表的身分正式被推選為智寶的新任董事長。(經濟日報 1999 年 1 月 21 日, 第 15 版, 張義宮、姜愛芩)

國巨投資智寶，有助於擴大產品線範圍，即擴大客源。對智寶來說，國巨可協助其提高生產及管理效能。對智寶的母公司聲寶而言，還可賺取投資收益（售股股價 17.5 元），有助於企業改造。(經濟日報 1996 年 5 月 4 日, 第 22 版, 陳漢杰) 1998 年 8 月，智寶電子（股票代號 2375）在臺灣股市上市。

㈣買下奇力新電子

1997 年，國巨投資奇力新電子公司，從晶片電阻進入電容器和磁性材料元件，

終於宣告擁有三大被動元件生產線，提供客戶一次購足服務。奇力新（股票代號2456）於 2001 年 9 月股票上市。

(五)進軍聲寶

智寶經驗撮合了國巨跟聲寶，1998 年底國巨陸續買進聲寶 20% 股票，每股成本約 26 元。加上外圍，共有 30% 的股權掌握實力，以陳盛沺為首的陳家同樣有三成的殷權。(經濟日報 1999 年 1 月 21 日，第 15 版，廖豐榮)

1999 年 4 月 23 日，聲寶股東常會，通過董事由 17 席減為 8 席，並改選董監事，國巨取得 4 席，陳盛沺取得 3 席，另一席由日商佳寶 (Sharp) 法人代表出任，即國巨、陳盛沺各佔一半。陳泰銘出任副董事長兼總經理。(經濟日報 1999 年 4 月 24 日，第 15 版，徐曉蕾)

(六)聲寶、東元夢難圓

聲寶、東元是在 2001 年 3 月 20 日興高采烈宣佈合併，5 月 15 日雙方並分別召開股東會通過合併案，並定 9 月 1 日為合併基準日，將成為臺灣家電業首度合併案，新公司資本額達 500 億元，成為臺灣最大家電廠。合併後將產生可觀的降低成本效益，強化加入世界貿易組織 (WTO) 後的競爭力，並進軍大陸和國際市場。不過，因雙方在經營階層的人事案始終擺不平，黃茂雄和聲寶副董事長陳泰銘兩人一直無法凝聚共識下，合併案也陷入僵局。(工商時報 2001 年 11 月 22 日，第 17 版，杜蕙蓉)

風水輪流轉，由於聲寶改造見到成效。三年後竟演變成東元自己主動提議跟聲寶合併，因為，目前的東元也同樣陷入聲寶過去的困境中。跟聲寶合併，本是東元尋求脫困的上策。(工商時報 2001 年 11 月 12 日，第 7 版，曾萃芝)

(七)進軍美國

1999 年收購美國通路商 Steller/Paccom，終於踏上夢寐以求的美國市場。

(八)策略聯盟

2000 年 3 月，國巨先跟美國通用半導體公司策略聯盟，共享彼此主、被動元件通路。(經濟日報 2000 年 5 月 15 日，第 18 版，姜愛苓)

五、臺灣最大收購案

2000 年 5 月 3 日，國巨以 6.5 億歐元（約新臺幣 180 億元）買下飛利浦全球被動元件事業部（包括十個生產據點、二個發貨中心），是臺灣上市公司國際收購案金額最大者。國巨持有所有股權，但是仍跟飛利浦密切合作。國巨因這項併購案，一舉躍升為僅次於日商村田 (MURATA) 和 TDK 的全球第三大被動元件廠。法人圈推估，該併購案 2000 年將為國巨帶來每股 1.5 到 2 元的獲利貢獻度，2001 年則可達 4 元以上。

(一)預估效益

當時國巨總經理陳泰銘表示，飛利浦被動元件主要是切入高頻、高精密產品。這項併購案產能考量倒是其次，專利技術及優質人才是國巨併購重點，因為以可以大幅降低生產成本的卑金屬 BME 製程來說，如果國巨自己研發將花數年時間，但是飛利浦此項技術就已經跟村田等一級大廠等量齊觀，收購後就迅速取得關鍵性技術，效益相當大。(工商時報 2000 年 5 月 4 日，第 3 版，曾萃芝)

概算收購飛利浦對國巨集團的效益，假設飛利浦被動元件事業部年營收成長率30%，獲利率 15% 計算，以國巨 2000 年期末股本 138 億元計算，一年可為國巨每股獲利增加約 1.4 元。(經濟日報 2000 年 5 月 4 日，第 2 版，姜愛苓)

表 1-2　國巨併購飛元和飛磁的綜效

	合併前	合併後
產能擴大	1999 年的月產能 電阻器：65 億支 （電容器和電感器的量非常小）	2000 年的月產能 1.電阻器：174 億支（全球第一） 2. MLCC：40 億支（全球第四）（註 1） 3. ferrite：835 噸（全球第二）（註 2）
範疇擴增	1.產品集中在電阻器 　（1999 年）電阻器佔營收 90% 　　　　　　電容器佔營收 2% 2.產品應用集中在個人電腦相關產業 　（1999 年）個人電腦及周邊產品 　　　　　　佔 80% 3.地理分佈集中亞洲	1.產品多元化 　（2000 年）電阻器佔營收 45% 　　　　　　電容器佔營收 33% 　　　　　　電感器佔營收 11% 2.產品應用多元化 　（2001 年預估）個人電腦及周邊佔 　　　　　　40% 　　　　　　通訊佔 25% 　　　　　　汽車等佔 20% 3.地理分佈全球
技術精進	1999 年開始 MLCC 投產	2000 年迅速進展到 MLCC 最先進的 BME 製程
集團全球總人數	（1999 年）2,617 人	（2000 年）7,648 人（註 3）
營業額	（1999 年）37.4 億元	（2000 年）171.5 億元（註 4）

資料來源：張玉文，〈陳泰銘展現策略雄心〉，《遠見雜誌》，2001 年 11 月，第 119 頁，表二。
註 1：MLCC 是積層陶瓷晶片電容器。　　　　　註 2：ferrite 是製造電感器的磁性材料。
註 3：2000 年底以來精簡人事之後，全球總人數降為 6,800 人。
註 4：此營業額為國巨公司加上飛元和飛磁。

㈡買貴了？

2000 年，臺灣高雄的建元廠營收約 70 億元，以及位於荷蘭的被動元件事業部營收約 30 億元，二廠合計年營收估計約 100 億元，國巨以 180 億元天價買下，不少業界人士認為國巨買的價格實在太貴了。（工商時報 2000 年 5 月 4 日，第 3 版，張瀞文）

㈢錢不是問題

180 億元的現金收購款，對國巨不成問題，原因如下：

1.前次現金增資每股溢價發行 80 元，共募集 56 億元資金，用途為投資高速鐵路興建工程，但目前投入高鐵金額僅約 16 億元，尚有 40 億元資金未動用。

2.預定在一年內出售信義計畫區大樓，是資金來源之一。買價 45 億元，完全以現金支付，預估出售金額至少有 50 億元。

3.第一季季報揭露的現金和約當現金 7.66 億元。三項合計，國巨可動用資金應該有 100 億元。國巨股本 135 億元，不傾向再辦現金增資。

2000 年 8 月，國巨跟大通銀行等 13 家銀行團簽約，在 9 月取得 4 億美元的橋樑貸款 (bridge loans)。分為三大部分，包括一年期 1.5 億美元的貸款、五年期 5 億美元的貸款及提供三年的 0.5 億美元循環信用額度，國巨提供各種資產、公司股票，同時設定公司利息保障倍數等多種保證。出面借款的公司計有國巨、國新投資、立泰投資、國巨百慕達控股公司、臺灣飛元科技、臺灣飛磁材料等，彼此互為保證人。(經濟日報 2000 年 8 月 4 日，第 6 版，白富美)

㈣全球經營的挑戰

這樁大手筆買賣，加上國巨原有的產銷安排，國巨即將面對的是一個涵蓋 8,200 名員工的龐大國際生產機制。規劃十八處的生產資源、二個發貨倉庫和一個研發中心，並不是件容易的事，更不用說要安排全球行銷通路和整合各國企業文化。國巨在絢爛的簽約後，所要面對的是實際運作的重大挑戰。國巨如何創造一個屬於國巨的國際企業文化，令人期待。

㈤國巨聲請假扣押華新科 30 億元資產

2002 年 2 月 21 日，國巨以權利遭侵害高達 30 億元為由，向法院請求裁定假扣押華新科等財產事件。

法院裁定書指出，2000 年 4 月間，國巨和華新科原合作參與標購飛利浦公司高雄建元廠，華新科隨後因故退出聯合標購合作，但國巨跟華新科事前曾以書面約定華新科在兩年內不得接觸建元廠（2000 年 7 月 1 日國巨標購後改名為飛元科技公司）員工，或任何挖角的不公平競爭行為。

華新科在國巨完成標購後經由其子公司瑞鷹科技公司，以雙倍薪資挖走飛元科技 31 名高科技員工。國巨認為華新科的行為違反承諾，因此向法院提出 30 億元的損害賠償請求，而且立即提供擔保金採取假扣押的債權保全動作。(工商時報

2002 年 2 月 22 日，第 3 版，張國仁）

六、貪心不足蛇吞象

　　2003 年 8 月 13 日，被動元件龍頭國巨總經理羅斯曼舉行法說會，受到業外投資拖累，從 2002 年起連續出現虧損，2003 年上半年稅後淨損 10.48 億元，每股淨損達 0.47 元，預測下半年可轉虧為盈。

　　羅斯曼認為國巨併入飛利浦被動元件廠的意義並不只是產能的提升，而是技術、人才和通路的取得。（經濟日報 2003 年 8 月 14 日，第 31 版，曾仁凱）

　　2003 年，國巨受困於被動元件景氣持續低迷，外加業外投資負擔過大，公司營運仍未脫離泥淖。

　　為了宣示回歸本業，重整旗鼓，國巨高層從 2002 年開始，便不斷公開表示會積極處分業外投資項目，其中最重要的項目就是聲寶。根據資料顯示，2002 年底國巨持有聲寶股數達 1.79 億股，持股比率 17%，仍握有 3 董 1 監席次。

　　而從 2003 年 7 月初起，外資開始大量買進聲寶的股權，短短時間內，外資持股比率由 10.94% 提高到 20%。市場人士推測可能是國巨趁此時機，釋出不少手中持股。

　　市場人士認為，國巨出脫聲寶持股只是時間上的問題，而隨著持股的出脫，國巨在聲寶中的代表董監事勢必隨之解任。（經濟日報 2003 年 8 月 7 日，第 28 版，曾仁凱）

問題討論

1.國巨的優勢到底在哪裡？請以其競爭對手（上市公司）的損益表來作比較。

2.請分析國巨斥資 180 億元買下飛利浦二個被動元件事業部的財務可行性。

3.國巨為何收購聲寶？又為何積極想跟東元合併？

4. 2002 年 1 月，聲寶跟東元合併破局，癥結點何在？

第二章

德國「藍波」施倫普
——鐵腕再造戴姆勒克萊斯勒

戴姆勒克萊斯勒執行長施倫普
（該公司提供）

你或許不知道戴姆勒克萊斯勒公司是做什麼的，但如果我說：「賓士汽車就是他們製造的，」那你就大概知道這家著名的德國公司。

戴姆勒克萊斯勒（Daimlercrysler AG）執行長施倫普（Juergen Schrempp，《經濟日報》譯為許亨普）在 2000 年一度由於公司股價重挫、虧損連連，面臨投資人逼退聲浪。這位向來以強硬管理手腕知名的德國「藍波」能不能再一次創造反敗為勝的奇蹟，本章將作詳細分析。

一、被罵得滿頭包

2000 年一整年公司陷入困境：美國克萊斯勒公司鉅額虧損，股價比 1999 年的高點跌了近一半，股票市值縮水近 500 億歐元。施倫普在亞洲的擴張行動也遭到質疑，戴姆勒克萊斯勒擁有 37.3% 股權的日本三菱汽車爆發多起醜聞，南韓現代汽車的投資案也是問題多多。

他最受攻訐的是在美國克萊斯勒的作風，他連續撤換了兩任原克萊斯勒總裁，改由德籍主管接手，並在 2000 年宣佈三年內裁員 2.6 萬人、關閉 6 家工廠。外界開始批評他把曾經是美國三大車廠中最賺錢的公司，矮化成全球第五大汽車集團旗下的一個事業部。以美國投資大亨柯克恩為首的股東們對他提出十七項官司，控告他在 1998 年克萊斯勒跟戴姆勒賓士合併時，欺騙他們說這是項門當戶對的合併，但最後卻變成戴姆勒併吞克萊斯勒。

二、跟時間賽跑的人

施倫普的處境如同在跟時間賽跑，據德國當地媒體透露，如果他不能在限時的一年內讓股價反彈上漲，就必須下臺。要不是他的好友庫柏（戴姆勒克萊斯勒兼德意志銀行董事長）力保，他早就被公司的最大股東、擁有 12% 股權的德意志銀行和擁有 7% 股權的科威特投資局給聯手開除了。

三、英雄惜英雄

　　美國製造業巨人奇異公司前董事長魏爾許是他最強有力的支持者,魏爾許說,施倫普是個漢子,直率又有決斷力。戴姆勒買下克萊斯勒,根本沒有平等合併這回事。試圖駕馭一輛雙頭馬車只會製造問題,而施倫普正是讓戴姆勒領導克萊斯勒的不二人選。他指出,公司必須要有一致而清楚的指揮規則,最重要的正是領導者的氣魄。

四、施倫普的致命自信

　　回顧從前,施倫普在汽車業是由基層做起。他由賓士地區經銷商的實習技師起家,四十年內這名工程畢業生就搖身成為德國最有權力的工業鉅子,名聲遍及全球,而且在南非的賓士和美國 Euclid 重型卡車部門分別創造扭轉乾坤的奇蹟,甚至讓戴姆勒的歐洲航太業務反敗為勝。

　　施倫普野心並不小,2001 年他曾自豪地說:「是戴姆勒克萊斯勒需要我,不是我需要戴姆勒克萊斯勒。」他在戴姆勒克萊斯勒的德國總部十一樓有個「亞洲圖書館」,擺滿了亞洲相關書籍和地圖。他說,戴姆勒克萊斯勒必須有一個領導人,而他決不會偏離既定使命。

　　如今這位鼎鼎大名的「成本殺手」再度打算讓克萊斯勒起死回生,就像他當年逼退賓士汽車和卡車事業部主管魏納一樣,果決迅速,毫不手軟。他自稱在令人窒息的速度中反而可以得到放鬆,助理說他往往在穿梭於各辦公室之際穿錯別人的外套,出差旅行時視健身房的設備選擇下榻的旅館,每週至少激烈運動三至四次。他說,有時候朋友會問他能不能受得了,還有人建議他換到低速檔重新出發,但這是不可能的。他說,無論對錯,「我已經踩下油門」。可以確定的是,這位龐大汽車集團的駕駛人正急著找到正確的道路,而時間是不會等他的。

五、還是要有幾把刷子

這也不是施倫普第一次著手改造戴姆勒，他的指導恩師——戴姆勒前任董事長魯特曾經大膽進行高風險的擴張策略，企圖建立科技整合的王國，但施倫普在 1995 年戴姆勒一年虧損 57 億德國馬克之際，從魯特手中奪走公司主導權，沒幾年就把恩師的美夢破壞殆盡。(工商時報 2001 年 3 月 11 日，第 9 版，洪川詠)

(一)叫進好牌

1998 年 5 月，他以 360 億美元合併克萊斯勒公司，1999 年再投資 22 億美元購入日本三菱汽車 37.3% 股權。另外以 10 億美元收購底特律柴油引擎公司 (Detroit Diesel Corp.) 和西方之星卡車公司 (Western Star Truck Holding Ltd.)。他逐漸把德式的管理風格移植到美國的克萊斯勒和日本的三菱汽車，幫助這兩家公司脫困。

(二)打出爛牌

他把艾德傳茲 (Adtranz) 鐵路設備公司以 7.52 億美元賣給加拿大投彈手公司 (Bombardier Inc.)，把該公司的航太公司 DASA 賣給現在的歐洲 EADS 集團；以 6.33 億歐元出售汽車電子公司 Temic 給大陸 (Continental AG) 公司；電腦軟體公司 Debis 的主要股權則以 55 億歐元賣給德意志電信 (Deutsche Telekom)。這些交易措施終於讓公司轉虧為盈，戴姆勒克萊斯勒重回汽車老本行，九成的事業都跟汽車相關。

(三)合併克萊斯勒，各方不看好？

1998 年 5 月 7 日，施倫普跟美國克萊斯勒公司董事長伊頓 (Robert Eaton) 宣佈合併，合併金額高達 360 億美元，合併後公司更名為「戴姆勒克萊斯勒」。

耶魯大學管理學院院長 Jeffery E. Garten 就說：「把 13 萬美元的賓士車跟 1 萬 1,000 美元的道奇擺在一起，形象混淆；克萊斯勒執行長年收入 1,600 萬美元跟德方戴姆勒總裁的 190 萬美元，過份懸殊！」Garten 因之而起了種種不妙的聯想，例如雷諾終究跟 American Motors 分道揚鑣，以及其他幾個拆夥的知名合併案。他認

為這個「戴姆勒克萊斯勒」成立伊始，馬上就面臨存亡危急之秋了。(工商時報1998年7月27日，第42版，王大方)

　　然而，戴姆勒跟克萊斯勒合併，也被其他分析師喻為天作之合，這是因為兩家公司的市場和產品幾乎沒有重疊。克萊斯勒的主力是輕型卡車、家庭用休旅車及聞名的吉普車。轎車僅佔克萊斯勒總產量的三分之一弱，且通常以中等價位吸引普羅大眾；而戴姆勒旗下的賓士汽車則標榜高級路線。另外，歐洲1997年汽車銷售量為140萬輛，克萊斯勒在歐洲的市佔率僅為1%，福特和通用汽車則分別佔有12%；賓士汽車可以藉克萊斯勒大幅進軍北美豪華轎車市場，而克萊斯勒則可藉賓士擴展歐洲市場。

㈣收購日本三菱汽車

　　1999年3月27日，戴姆勒克萊斯勒公司宣佈將以2,250億日圓(22億美元)收購日本第四大車廠三菱汽車37.3%股權，結合後成為全球第三大汽車集團，年銷650萬輛車，僅次於美國通用(年銷800萬輛車)、福特汽車(年銷680萬輛車)，並進一步深耕亞洲市場。

㈤經營不易

　　為了讓公司子公司上軌道，施倫普任命前艾德傳茲總經理愛克羅德擔任三菱執行長；開除克萊斯勒總裁霍登，由該公司前商用汽車事業部總經理柴許接任；Freightliner負責人也改由施莫柯擔任。他買進三菱汽車是為了擴張亞洲的業績，但三菱在爆發隱瞞產品瑕疵醜聞後，日本業績大跌近五分之一。重型卡車製造商Freightliner也在整體景氣不佳的影響下，銷售衰退45%；美國經濟成長趨緩和油價上漲，造成卡車和貨運需求不振。

六、短期戰果

　　該公司歷史最悠久的資產──賓士汽車，依然是主要獲利來源。而可望轉虧為盈的原因在於，除了賓士業績的改善之外，2001年上半年克萊斯勒在美國的衰

退幅度，也比預期中小。分析師預估，在降低克萊斯勒的成本後，戴姆勒克萊斯勒第二季財報可望轉虧為盈。股價 2001 年的漲幅已達 25%，是德國股市表現第二名的個股。

施倫普是成功改造歐洲最大工業公司戴姆勒賓士的功臣，最近在股價回升和子公司虧損縮小的幫助下，他逐漸贏回投資人的信心，許多基金經理人仍對他充滿信心。他們相信，在替換了具有危機管理經驗的高層人事後，戴姆勒克萊斯勒一定能贏回投資人的信賴，走出困境。(經濟日報 2001 年 9 月 29 日，第 9 版，陳智文)

然而，晨星 (Morning Star) 公司的分析師卻認為，施倫普無疑需要花費更多的心力才能讓整個企業步上正軌，「戴姆勒克萊斯勒幾乎在每一個事業領域都仍面對沉重的問題」。全球經濟發展遲緩，在美國行銷的龐大開支，加上重型卡車銷售低迷造成克萊斯勒集團、商用卡車和巴士事業的嚴重損失，都是施倫普必須解決的頭痛問題。雖然賓士汽車業績傲人，戴姆勒克萊斯勒集團 2001 年還是虧損 5.89 億美元。(經濟日報 2002 年 3 月 21 日，第 9 版，陳澄和)

七、施倫普太樂觀了！

1998 年，戴姆勒以 360 億美元收購美國克萊斯勒汽車公司時，施倫普曾誇口要創造全世界最賺錢的汽車公司，不料克萊斯勒卻變成一個財務黑洞，成為戴姆勒的沉重包袱。

㈠克萊斯勒是阿斗公司？

賓士是戴姆勒克萊斯勒的獲利引擎，克萊斯勒則是個累贅。消費者不喜歡克萊斯勒車款、工廠效率低、品牌形象差，使得整個集團的脫胎換骨努力落空。

2002 年時施倫普曾誇稱克萊斯勒 2003 年可賺進 20 億美元，但是第二季意外虧損 10 億美元後，克萊斯勒全年可能會賠錢，一舉抵消 2002 年的獲利。

讓施倫普憂心的不只是克萊斯勒，鮑爾公司調查顯示，賓士品質有瑕疵，讓各界質疑施倫普調兵遣將到克萊斯勒救火，已衝擊這個德國最經典的品牌。戴姆勒克萊斯勒集團持股 37.1% 的三菱汽車公司也表現不如人意，原本預期透過工程

和採購集中刪減成本而提高獲利，上半年卻虧損 6.83 億美元，美國營收銳減，全年盈餘預估值下修 75%。

2003 年上半年，戴姆勒克萊斯勒營收下滑 11%，成為 750 億美元，純益銳減 81%，成為 7.73 億美元。即使施倫普下修今年營業獲利預估到 55 億美元，分析師仍認為過份樂觀。

㈡錯誤的結合？

越來越多專家認為，這樁歷來汽車業最大規模合併案是二家企業錯誤的結合，施倫普 1998 年過度高估克萊斯勒的核心能力，如果沒有母公司撐腰，克萊斯勒早已破產。一些分析師甚至認為，戴姆勒可能棄克萊斯勒而去。

戴姆勒克萊斯勒市值由併購前的 470 億美元萎縮為 380 億美元，競爭對手寶馬汽車公司 (BMW) 則增加 27%，成為 250 億美元，讓接受採訪時一向侃侃而談的施倫普，如今不喜面對媒體。

法人和散戶莫不咀咒施倫普快點下臺、二家企業分手，但是最苛刻的批判來自於公司主管，他們宣稱公司董事會要為經營不善負責。一位高層主管說：「整個經營團隊都應下臺，長久以來，經營方向就不對。」

執行力不彰並非唯一的問題，施倫普的「世界企業」遠景也不切實際。一些產業分析師表示，克萊斯勒和三菱共享零件和工程或許可以降低成本，但是施倫普合併高級房車和大眾化品牌基本上就是錯誤，不但合併綜效有限，而且經營合併後企業須投入二倍的努力和專業技能。

雖然過去賓士痛下決心變革都能脫胎換骨，但是美國車價一路下滑，這次可能給施倫普帶來艱鉅的挑戰。戴姆勒入主後，克萊斯勒的美國市佔率跌掉 3 個百分點，成為 13%，2003 年 8 月，更把美國第三大汽車製造商的寶座拱手讓給日本豐田汽車。

一位主管強調，知識整合和零件共享的過程才剛開始，假以時日，生產力提升可降低成本，而且品質改善和新車款上市，都可以帶動克萊斯勒營收。2003 年 7 月，施倫普接受採訪時說：「競爭壓力讓我們有營收的問題，但是我們須透過成本方面的改善來解決問題。」

(三)柴許孤臣可回天嘛?

2000 年 11 月,他賦與戴姆勒卡車事業部主管柴許 (Dieter Zetsche) 和公司問題解決高手伯哈德讓克萊斯勒起死回生的重責大任,他倆降低逾 60 億美元成本,裁撤 2.6 萬名員工,並且著手解決品質問題。柴許在 2003 年 5 月矢言,除了原訂的 20 億美元,2003 年還要再減成本 10 億美元。9 月和工會達成的四年協議,讓克萊斯勒可出售七家零件廠。

跟有待克服的龐大問題相比,克萊斯勒的成本節餘微不足道。攸關克萊斯勒存亡的新車上市慢半拍。克萊斯勒、戴姆勒共用工程完成的第一部車 Crossfire 2003 年才問世。由於跟戴姆勒共用四成零件,這款售價 3.5 萬美元的新車兼具德國車的優雅和品質,可說物超所值。未來克萊斯勒將跟三菱共用多數零件,以免拖累賓士的高級車形象,公司對 2004 年至少推出五款新車寄予厚望。

克萊斯勒也更新一度自豪的迷你廂型車,但是只能緊追在帶領風潮的豐田和本田之後。業界認為,克萊斯勒的最新車款要以犧牲獲利的優惠價格才能吸引購車者上門。卡迪夫商學院汽車經濟教授萊伊斯說:「克萊斯勒已無藥可救。」

要讓克萊斯勒起死回生須再投入數十億美元,在德國司徒加總公司可以明顯感受到對克萊斯勒又怕又恨的矛盾情結。連經銷商也忐忑不安:「克萊斯勒是賓士的累贅,是數十億歐元的黑洞。」(經濟日報 2003 年 9 月 23 日,第 9 版,官如玉)

2003 年 10 月 22 日,克萊斯勒雖轉虧為盈,但是第三季總體虧損仍達 16.53 億歐元(19.26 億美元),比 2002 年同期盈餘 7.8 億歐元差多了。戴姆勒克萊斯勒

表 2-1　戴姆勒克萊斯勒的頭痛問題

虧損累累	克萊斯勒 2003 年第二季虧損 10 億美元,企盼已久的脫胎換骨遙遙無期。
削價競爭	扼殺獲利的美國購車折扣戰短期不會結束。折價優惠使得克萊斯勒 2003 年第二季行銷費用激增 29%。
廠房老舊	日本業者在美國新設的廠房比克萊斯勒廠房有彈性、有效率,且打算擴增轎車和小型卡車產能。
品質問題	使用較低價零件、最近一項瑕疵調查玷污賓士高品質車的美名。
遲未轉型成功	克萊斯勒和三菱的大眾化市場車款開發綜效要等三到四年才會實現。

資料來源: 美國《商業週刊》。

營業淨利持續走滑，第三季縮水 19%，該公司長期債信甚至遭標準普爾以前景日益堪憂為由降為 BBB。(工商時報 2003 年 10 月 23 日，第 7 版)

　　被豐田擠下，落居老四的克萊斯勒，將以優退與關閉或出售工廠，裁員五千人。(工商時報 2003 年 10 月 2 日，第 7 版，蕭麗君)

推薦閱讀

1. 陳澄和,〈施倫普改造高層, 啟用太座挑大樑〉,《經濟日報》, 2002 年 3 月 21 日, 第 9 版。
2. 伍忠賢,〈第十一章個案: 改造克萊斯勒, 柴許挑重擔〉,《管理學》, 三民書局, 2002 年 8 月。

問題討論

1. 施倫普究竟是以擴充還是成本為導向取勝?
2. 施倫普合併克萊斯勒是正確抉擇嗎?
3. 1999 年 3 月, 施倫普放棄收購日本第二大車廠日產汽車, 但又於 2000 年 3 月買下第四大車廠三菱汽車, 請分析其原因何在。
4. 以成敗論英雄, 施倫普目前的成就是否算是成功?

第三章

轉行它最行的菲利普莫理斯公司

很多外國人一聽到美國的菲利普莫理斯公司 (Philip Morris)，可能都會問這是何方神聖？但是如果說萬寶路 (Marlboro) 香菸、麥斯威爾 (Maxwell House) 咖啡都是它旗下的產品，那就不足為奇了。

一、老幹：越挫越勇

2000 年以前，菲利普莫理斯公司普遍被視為逐漸步入遲暮之年的產業巨人，不僅銷售表現時好時壞，獲利也節節下降，更糟的是反菸害勢力佔上風，使該公司在佛州一場集體訴訟中敗訴，被判 1,450 億美元的巨額賠償。在一片看壞聲中，菲利普莫理斯股價於 2000 年 2 月跌到 19 美元，本益比僅六倍，真是慘不忍睹。

菸草生意仍是該公司的核心業務，約佔營收的三分之二。頗令人訝異的是，雖然跟香菸有關的訴訟不斷，官司和解費用高得令人咋舌，但 2000 年的菸草業績卻是歷年來最好的一年，獲利高達破紀錄的 85 億美元，營收 804 億美元，市佔率連袂擴增。這是因為該公司藉大幅漲價來支付律師費用，且能繼續擴增市佔率而立於不敗之地。

2000 年，公司跟菸草商洽商和解賠償，美國各州政府已經沒有動機進一步懲罰業者。一些律師甚至認為，高等法院可能推翻佛州訴訟案的鉅額賠償裁決。

二、新枝：跨足食品業

菲利普莫理斯執行長拜伯（該公司提供）

可是，在不知不覺中，菲利普莫理斯執行長拜伯 (Geoff Bible) 默默運籌帷幄，謀劃因應策略。他強迫這家長久以來給人財大氣粗印象的菸草公司改頭換面，不但革新該公司做生意的方式，更進一步調整公司的自我認知。誠如拜伯 2001 年 3 月演講時所言：「菲利普莫理斯的自我定位不是一家菸草公司，而是一家消費品公司，尤其擅長瞄準成人消費者的產品。」

菲利普莫理斯公司旗下擁有十五種品牌，每一種品牌

年銷售額都超過 10 億美元，該公司已成為全世界規模最大的包裝消費品製造商，獲利能力也最強。該公司的食品業務更是朝氣蓬勃，旗下的克拉夫 (Kraft) 食品公司擁有眾多老牌的商標，例如麥斯威爾、Oscar Mayer 和 Jell-O 等。拜精明的行銷和新創意之賜，克拉夫如今已成為寶鹼 (P&G)、可口可樂等消費品巨人羨慕的對象；2000 年獲利激增 12%。

2000 年 12 月，該公司以 149 億美元收購納貝斯克 (Nabisco) 公司，該公司代表產品之一是奧利歐 (Oreo) 餅乾。而克拉夫跟納貝斯克的結合，將挑戰全球獲利最大食品公司雀巢 (Nestlé) 的龍頭地位，至於聯合利華 (Unilever) 則緊追在後。(經濟日報 2000 年 6 月 27 日，第 33 版，林聰毅)

三、叫我第一名

2000 年道瓊工業指數哪支成分股最紅？答案可能令許多人跌破眼鏡：菲利普莫理斯公司，股價漲幅超過一倍，成為表現最搶眼的明星股。(本文部分取材自湯淑君，〈菲利普莫理斯一枝獨秀〉，經濟日報，2001 年 4 月 28 日，第 9 版)

問題討論

1. 你如何預測香菸產業會江河日下？

2. 為什麼海外市場擴張無法讓菸商滿意？

3. 香菸跟食品業有何行銷綜效？否則為什麼菲利普莫理斯公司都往食品業去轉型？

第四章

荷商飛利浦柯慈雷打得一手好牌

　　荷商飛利浦電子 (Philips Electronics) 公司可說是全球最大的消費電器公司，在全球六十餘國設有子公司，總部位於荷蘭阿姆斯特丹，2001 年底員工有 19.2 萬人，主要事業分為：

1. 消費性電子事業群：包括家電（例如冰箱、洗衣機等大型家電，和熨斗、刮鬍刀等小家電）、影音視聽（例如電視機、DVD 放影機、顯示器等）、行動通訊（2002 年 4 月納入）。
2. 半導體事業群。
3. 照明設備事業群：例如日光燈管、電燈泡等。

一、彭世創的戰功

　　2000 年 8 月 30 日，荷蘭飛利浦電子公司宣佈，該公司執行長彭世創 (Cor Boonstra) 在 2001 年 4 月 30 日交棒，遺缺由零件事業部主管、經營委員會委員柯慈雷 (Gerard Kleisterlee) 接任。1938 年出生的彭世創，在擔任執行長四年期間積極推動組織再造，把公司精簡成六個事業部，使電話事業部轉虧為盈，並出售獲利欠佳的事業部。

飛利浦執行長柯慈雷
（該公司提供）

　　彭世創在 1996 年被挖角到飛利浦時，引起外界諸多批評，連公司內部人士也對這項人事安排多有怨言，所以彭世創下臺後，接班人從空降改為內升，並不讓人意外。荷蘭銀行分析師范雷提馬指出，彭世創被視為省錢專家，經過他的改造後，飛利浦現在需要的是一名具有遠見創造能力的人，不知柯慈雷能否勝任。(經濟日報 2000 年 8 月 31 日，第 9 版，郭瑋瑋)

二、新人新政

　　1947 年出生的柯慈雷（《工商時報》譯為克雷斯特）在 1973 年大學電子工程系畢業後，隨即加入飛利浦公司，是經驗豐富的老臣。他曾經在 1996 年領導飛利浦在臺灣和大陸的子公司，本書第一章分析個案中，國巨買下飛利浦的被動元件

廠，當時就是柯慈雷代表飛利浦簽約。日後飛利浦將專注在影像組件的核心技術，如映像管和液晶顯示器等產品。2001 年 5 月，柯慈雷從零件事業部主管升任執行長。

他設定 2002 ～ 2006 年獲利成長 15% 和年營收增加 10% 的目標。分析師認為，他必須非常積極才有可能實現承諾，包括專注於高成長的事業，為一些事業部成立合資事業，並出售低成長的子公司。

德意志銀行分析師林區表示，柯慈雷的決策態度謹慎且行動果斷，但想讓飛利浦轉虧為盈，柯慈雷還需要更努力。

三、出脫行動電話

彭世創出售了部分獲利不佳的子公司，例如德國電器製造商歌蘭蒂 (Grundig AG) 公司，把經營焦點放在醫療儀器和半導體。

柯慈雷上任後首先處理的就是彭世創一手建立的行動電話子公司，飛利浦在 GSM 手機市場僅有 10% 的市佔率，根本無法達到經濟規模。2001 年 7 月，飛利浦宣佈把行動電話事業的控制權出售給中國電子公司 (China Electronics Corp., CEC)。1997 年成立以來，該子公司僅 2000 年獲利，累積損失高達 15 億歐元，此外法國手機廠裁員 1,230 人。不過，飛利浦將持續以飛利浦的品牌販賣手機。(工商時報 2001 年 6 月 27 日，第 7 版)

四、加碼醫療器材

2001 年 7 月 4 日，該公司宣佈，以 11 億美元現金收購英國最大電信設備製造商馬科尼 (Marconi) 公司旗下的醫療器材子公司，將使飛利浦成為全球第二大診療顯像器材製造商，進一步實現在醫療系統領域追上奇異公司的目標。

陷入虧損狀態的馬科尼公司長久以來一直表示，打算脫售旗下的醫療系統子公司，其產品包括 X 光、超音波、核磁和其他顯像設備，年營收約 50 億歐元。

飛利浦的醫療系統子公司 2001 年起收購動作頻頻，2001 年稍早才以 17 億美

元向安捷倫科技 (Agilent Technologies) 公司收購保健解決公司 (Healthcare Solutions Group)。

荷蘭銀行分析師史坎瑪說:「這筆交易對飛利浦有利,理由有三:價錢便宜(證券分析師原本預估 18 億美元)、產品互補、明年顯然有獲利成長可期。」他估計,到 2002 年,飛利浦醫療系統的利潤率可望從 2000 年的 5.5% 提高到 7%,屆時年營收可達 63 億歐元。(經濟日報 2001 年 7 月 5 日,第 15 版,湯淑君)

五、本業還得加把勁

柯慈雷面臨的挑戰之一,就是改造毛利微薄、獲利能力持續下降的消費電器事業。受到美國市場的影響,該事業部 2001 年第一季虧損 9,900 萬歐元;飛利浦打算擴張成長較快的 DVD 放影機和 MP3 播放機生產事業部。(經濟日報 2001 年 8 月 4 日,第 9 版,陳智文)

新官上任本來就該有一些改變,無論是裁員、撙節開支及出售或關閉某些部門,這些免不了會碰到反彈,但市場所在意的是他的經營理念及策略能否貫徹及奏效。分析師說,柯慈雷的決策態度謹慎,但行動果決,他們認為讓飛利浦重新變成網路時代的拓荒者,是柯慈雷當前最艱鉅的挑戰,但試問有哪位披荊斬棘者是輕鬆快活的? (經濟日報 2002 年 3 月 9 日,第 9 版,林聰毅)

六、革命尚未成功

2003 年 7 月 14 日,投資人說,歐洲消費性電子產品製造龍頭荷蘭皇家飛利浦電子公司虧損日鉅,面對市場流失給亞洲對手,執行長柯慈雷似乎束手無策。

「低銷售成長、低毛益和缺乏可預測的獲利,是投資人持續憂慮的主因,」在海牙蘇黎世利文公司 (Zurich Leven) 管理 24 億美元資產的馮載吉 (Corne van Zeijl) 說。

受到半導體銷售衰退、歐元對美元升值,以及三星電子 (Samsung) 等亞洲電子及平板顯示器公司削價競爭的影響,柯慈雷被迫削減成本。除了縮減五分之一

人力，提早償債以減輕利息負擔之外，也把生產外移到匈牙利等低成本國家。

　　雖然如此，彭博資訊調查 18 位證券分析師，平均預測飛利浦第二季淨虧損恐達 8,650 萬歐元（9,800 萬美元），雖然低於 2002 年同期的 13.6 億歐元，但是柯慈雷上任後的累積虧損突破 55 億歐元。

　　從 2001 年 5 月柯慈雷接掌執行長之後，飛利浦股價已下跌 45%，飛利浦市值為 230 億歐元。同期間內，主要對手如松下電子和新力等公司的股價，分別下滑 35% 和 60%。

　　證券分析師說，飛利浦的問題在於產品領域太廣。飛利浦是全球最大燈泡和電子刮鬍刀製造商，也是歐洲第三大半導體廠，生產線橫跨數位影音光碟（DVD）播放器、咖啡機、映像管、行動電話擴音器、吸塵器和醫學診斷設備等領域。燈泡和咖啡機等產品受景氣波動影響較低，倚賴電腦需求的半導體事業部則成為飛利浦第一季最賠錢的事業部。

　　飛利浦能否建立投資人信心，端看其美國消費電子業務和晶片事業是否能如預期在第四季轉虧為盈。（經濟日報 2003 年 7 月 15 日，第 9 版，林郁芬）

↵問題討論

1. 飛利浦的手機為何會不敵 Nokia 等其他大廠?

2. 飛利浦的消費電子產品如何跟高價位的日本產品和低價位的韓國貨競爭呢?

3. 飛利浦的全球生產分工是否很有效率?

4. 飛利浦會不會逐漸捨棄賺取生產利潤, 而轉集中於賺取行銷利潤?

惠普合併康柏，好棋嗎？

惠普董事長菲奧莉娜與康柏董事長兼執行長坎培拉斯（惠普公司提供）

2001 年 9 月 3 日，惠普 (HP) 宣佈合併全球第二大電腦製造商康柏 (Compaq)。不過，6 日遭受創業家族的反對，此案有可能胎死腹中，縱使過關，這個婚姻也是不被單方家長祝福的，留下一些遺憾。這個案例跟連續劇《飛龍在天》一樣，三天二日便有報導，值得我們研究。

一、賣方（康柏）的想法

1982 年才成立的康柏曾風光一時，從康柏公司的英文名字 "Compaq" 來看，事實上 Compaq 就是兩個字的組合——compatible 和 quality。之所以會強調這兩點是因為在康柏創立之初，IBM 是個人電腦的創造者，所以康柏一定要跟 IBM 電腦相容。當然，只是相容是不夠的，還不足以吸引消費者購買，因此康柏產品的品質一定要比 IBM 好，很明顯的，康柏做到了。雖然曾以低價策略登上全球個人電腦第一名寶座，但在 2001 年被戴爾超過，落居第二。

康柏現今的市場處境比惠普更加艱困，由於個人電腦市場正處於慘烈的削價競爭，而且價格戰不知何時才會終止，為了改善公司體質，實施企業再造已有三年，但還持續賠錢，1998 年至 2001 年 8 月共虧損 23 億美元。康柏同意讓惠普併購，著眼點在於可以大幅節省成本，創造公司契機。

(一)合併迪吉多

1998 年 6 月，康柏以 85.5 億美元收購迪吉多 (Digital Equipment)，後者主要以收銀機等事務機器為主。在 1 月時，康柏宣佈收購迪吉多的計畫，想藉此強化企業客戶市場的通路。但整頓迪吉多將花費 15 到 20 億美元，其中主要包括裁員約 1.5 萬人所需的費用，當時員工數 5.4 萬。但是事後看來，美夢未成真。(經濟日報 1998 年 5 月 8 日，第 29 版，張珍麗)

(二)康柏的困境

由於錯失了第一波網際網路革命的時機，康柏困於傳統的經銷體系，無法迅

速因應需求的快速變動，導致發生嚴重的存貨問題。另一方面，康柏併購迪吉多之後的運作也不順利。各種壞事紛至沓來，1998 年中，康柏的營收成長率，一口氣從過去的 45% 到 65%，驟降到僅 5%。股價從 1999 年初的高點 47 美元，年中重挫至 21 美元。

(三)一個下，一個上

1999 年 1 月，由於激烈競爭及價格壓力，康柏總裁菲佛（Eckhard Pfeiffer，一般的報紙譯為飛佛）採取降價行動來因應，康柏的利潤也因此降低。但菲佛並沒有向大眾詳細說明，造成股市對康柏錯誤解讀。

雪上加霜的是，康柏當時又合併迪吉多，需要時間整合。當時 IBM 在個人電腦積極削減價格，逐漸侵蝕康柏的高毛利；戴爾直接銷售方式的成功，也侵略到康柏的市場。內外夾攻之下，讓康柏的營運受到很大壓力。

一般人總把戴爾跟康柏相提並論，但菲佛一直把 IBM 視為主要對手。菲佛成功合併迪吉多，把康柏的經營方向轉向企業電腦事業，直接跟 IBM 交鋒。有感於康柏強烈的威脅，IBM 在個人電腦方面對康柏發動猛烈攻擊，並在康柏合併迪吉多無暇他顧時，加足火力。當康柏宣佈解雇菲佛時，IBM 的董事長葛斯納 (Louis Gerstner) 知道他贏了。

菲佛下臺之後，董事長羅森 (Ben Rosen) 轉換策略方向，以戴爾為對手，重新整頓康柏的事業。但菲佛認為，羅森並不了解康柏已經不再以個人電腦為主，而是提供解決方案。

(四)坎培拉斯的努力

1954 年出生的康柏資訊長坎培拉斯於 1999 年接任執行長，拯救營運陷於泥淖的康柏確實是高難度的工作，他深知改革的首要之務在於讓公司恢復敏捷的活力，以及撙節不必要的開支。

2000 年的工作重點:

1. 持續提高康柏產品自銷（包括線上或透過公司的銷售人員）的比重，以降低存貨成本。
2. 切入簡易上網設備市場。

3.強化公司的電腦服務業務，並推動跟該領域的領導業者結盟。

4.推出新款 Unix 伺服器，爭食高階市場。(工商時報 2000 年 9 月 17 日，第 9 版)
有關企業服務業務的具體內容，底下有二個具體案例說明。

2001 年 11 月 29 日，康柏宣佈跟金融業巨人美國運通 (American Express) 公司簽約，2002 年起五年內，康柏會供應 2.5 萬部精簡型客戶端電腦，供美國運通銀行遍布全球的分行使用，逐月按員工座位數酌收費用。康柏供應 400 部 Proliant 伺服器，並提供管理這些設備的服務。10 月，康柏也跟奇異飛機引擎 (GE Aircraft Engines) 公司簽約，五年期的總值達 9,500 萬美元。(經濟日報 2001 年 11 月 30 日，第 2 版，湯淑君)

二、買方（惠普）的想法

惠普董事長暨執行長菲奧莉娜 (Carly Fiorina) 提倡三個事業主軸 —— IA、Airways Online Instructure 以及 E-services。她表示，惠普跟康柏剛好可彼此截長補短。例如，惠普擁有強勁的 Unix 伺服器市場、康柏擅長於以視窗 NT 為基礎的系統。她認為：「兩家公司就像拉鍊一樣彼此相合。我們認為這項結合不僅在短期內明顯創造了股東價值……更重要的是，隨著產業發展以及顧客購買模式持續改變，它提供我們一個非常有利的成長機會。」

就長期來說，她預期，新惠普的營收成長率將可跟業界 10% 的年成長率相符或更勝一籌。她指出，合併康柏是惠普邁向成長的不二法門，惠普才可以提供全方位的服務，新公司將加速開拓服務業務，也就是仿效藍色巨人 IBM 進軍利潤較高的電腦服務業市場。如果此項交易失敗，惠普可能必須退出個人電腦市場，甚至出售高獲利的印表機和影像事業部。(工商時報 2001 年 11 月 25 日，第 10 版)

(一)衝著 IBM 而來

由於個人電腦，甚至低階伺服器都已步入成熟期，市場成長性低，因此包括 IBM、康柏、惠普以及臺灣的宏碁電腦等，都不約而同要朝高附加價值的資訊服務進攻。

如果惠普跟康柏順利結合，將組成歷來第二個提供客戶全套產品和服務的超大型電腦公司，對惠普的真正意義應在於擴大 Beyond the Box 的事業。但不同於 IBM 以往的競爭對手，「惠普－康柏」組合將有能力在各個分類市場（例如諮詢和業務服務）跟 IBM 一較雌雄。

藍色巨人勢必延續既定策略，強調電腦服務事業（這也是促使惠普跟康柏合併的一大因素），並淡化已大宗商品化且獲利無常的個人電腦業務。IBM 近年來已建立世界最大的電腦服務事業，規模幾乎是排名第二的 EDC 公司的兩倍，讓 IBM 能跟全球大客戶保持聯繫，藉長期合約確保營收泉源連綿不絕。淡出零售個人電腦市場、轉為企業客戶產銷個人電腦，則協助 IBM 在利潤較高的筆記型電腦市場奪魁。（經濟日報 2001 年 9 月 10 日，第 5 版，湯淑君等）

兩家公司的軟體和服務都不強，歷史悠久的 IBM 相對下受衝擊不大，因為 IBM 除了服務外，更強在各種電腦基礎科技、零組件和軟體，都不是新惠普能夠比擬。（工商時報 2001 年 9 月 5 日，第 4 版，林玲妃）

㈡產品線互補性低

二者的產品線除了惠普的印表機和影像產品外，其他幾乎全數重疊。包括最高階伺服器，惠普有 Superdome、康柏有 Himalaya，二者也都跟英特爾合作六十四位元的英特爾架構伺服器。在低階伺服器上，康柏仍是全球第一，不過惠普一樣不弱（詳見表 5-1）。

惠普和康柏合併後，在全球筆記型電腦佔有率可達 17%，領先第二名的東芝三個百分點。在桌上型電腦部分，合併後佔有率 19.8%，領先第二名的戴爾五個百分點。伺服器方面，佔有率 30.5%，遠遠領先第二名的 IBM (13.3%)。個人數位助理器 (PDA) 產品佔有率 23%，僅次於 Palm（2001 年市佔率為 50 ～ 60%）。Win CE 作業系統佔有率 75%。二家公司在原有的服務事業上，有相當的重疊性，預計短期內發揮的綜效不大。

在跟戴爾的競爭方面，由於戴爾有運籌管理和直銷、庫存成本低的優勢，康柏和惠普的結合雖然在管銷成本上可以節省 20 億美元，但是如果在通路的精簡和庫存管理無法進一步有效改善的話，跟戴爾的競爭上，未必會因合併而撈到多少好處。雖然暫時奪回個人電腦冠軍寶座，但未來新惠普如何有效持穩，仍是一條長路。

表 5-1　2001 年全球前四大個人電腦公司基本資料

公司 項目	惠　普	康　柏	IBM	戴　爾
成立時間	1939 年	1982 年	1924 年	1984 年
公司總部	加州巴洛阿爾托	德州休士頓	紐約州阿蒙克	德州奧斯丁
員工總數	8.7 萬人	6.3 萬人	31.6 萬人	3.5 萬人
執行長	菲奧莉娜 (46 歲)	坎培拉斯 (46 歲)	葛斯特納 (58 歲)	戴爾 (36 歲)
2000 年營收	470 億美元	400 億美元	900 億美元	330 億美元
資產總值	324 億美元	239 億美元	884 億美元	131 億美元
營業項目	影像器材、印表機、伺服器、個人電腦、軟體、資訊儲存、網路設備	家用和企業用個人電腦、掌上型設備、工作站、伺服器	電腦系統、軟體、網路設備、儲存設備、微電子產品、資訊科技相關產品	桌上型電腦、筆記型電腦、伺服器、工作站、儲存系統、電腦周邊設備

資料來源：各企業網站、法新社。

(三)品牌的安排

2001 年 9 月 3 日，菲奧莉娜在記者會上表示：「在兩家公司合併後，惠普將成為存續品牌 (surviving brand)。」不過，她也指出，康柏雖將成為附屬品牌，但新公司仍將善加利用其品牌。未來康柏電腦旗下的 Proliant 伺服器和 Presario 筆記型電腦等產品，仍將沿用康柏廠牌。

英國廣告代理商 WPP Group 的企業品牌管理經理麥克認為，菲奧莉娜的決定完全正確。他說：「惠普品牌在消費者心中已經建立起良好的信用，康柏的表現卻不甚理想。」美國廣告代理商 Omnicom Group 也表示，在全球最有價值的品牌排行榜中，惠普名列第十五，品牌價值為 180 億美元，遠勝過排行第二十四，品牌價值 123.5 億美元的康柏。

外界認為，合併後的新公司在選擇存續品牌上，通常都會遭遇內部的政治壓力，但最後仍將以經濟效益為最終考量。專家指出，全球單一品牌通常享有大幅節省行銷（如廣告支出）成本的優勢。美國北卡羅萊納大學商學院的摩根，對於惠普的決定感到質疑。他指出：「康柏電腦仍具有一定的品牌吸引力，因此放棄這個品牌並不是個好主意。」（工商時報 2001 年 9 月 6 日，第 4 版，張秋康）

㈣深謀遠慮

根據惠普向美國證券管理委員會 (SEC) 申報的資料顯示，惠普董事會早在 1999 年就鎖定康柏為合併對象，並由公司第一位空降執行長菲奧莉娜（1999 年 7 月上任）跟康柏接洽，但真正談合併是在 2001 年 6 ～ 8 月。

惠普在這份厚達 120 頁的申報書中說：「1999 年，由於市場競爭加劇，惠普董事會和管理階層特別關注如何確保惠普未來生存的發展策略，這期間，惠普評估過許多策略性替代方案和可能的購併，包括康柏公司在內。」菲奧莉娜認為，如果惠普不加強爭取企業用戶，在日趨整合的電腦產業中，惠普將有邊緣化之虞。(經濟日報 2001 年 11 月 19 日，第 9 版，郭瑋瑋)

三、惠普創業家族喊停

2001 年 11 月 6 日，惠普二大創辦人的兒子全都表示將投票反對這筆交易，兩家持股約 17%。

惠普共同創辦人威廉·惠特之子，華特·惠特發表聲明反對此合併案，他認為，合併康柏將會提高惠普在低獲利個人電腦市場的比例，進而稀釋其獲利之列印事業部的重要性，甚至危害到惠普的客戶。惠特家族並不認為康柏是正確的合作夥伴，而且這筆交易將會創造出太多的不確定性。

當惠普創辦人家屬跳出來反對這項合併案時，康柏股價應聲下滑，一週之內就跌掉 15%，惠普股價卻勁揚 17%，充分反映出投資人和股東對這項合併案的看法。

四、投資人的看法

2001 年自 9 月 3 日到 11 月 23 日，康柏股價 9.8 美元已下滑 21%，成為 S&P 500 股價指數中表現最差的個股，惠普也下跌 9.8%，股價為 20.94 美元。康柏的競爭對手戴爾電腦公司在這段期間股價則已上漲 23%，高於 S&P 500 股價指數 9.4% 的漲幅。投資人表示，只要這樁合併案仍有疑慮，康柏股價便會持續探底，

要是交易沒做成，康柏的危機可能更大。(經濟日報 2001 年 11 月 26 日，第 9 版，郭瑋瑋)

掌管 94 億美元的美國基本價值基金經理雷迪諾表示：「由兩支股票來判斷，我認為大部分人士已認定這筆交易是個敗筆。」(工商時報 2001 年 9 月 7 日，第 5 版，陳妙如)

投資人和分析師一直嚴詞批評此合併案是個愚蠢而且鋌而走險的計畫，他們斷言兩家公司在整合時將遭逢許多困難，而且失誤的機會很多。迪訊個人電腦產業分析師柯特就直言：「兩家公司在各大業務領域仍將遭遇其他對手的挑戰，更具體而言，他們各自的問題已經一籮筐，合併案根本是雪上加霜。」(工商時報 2001 年 9 月 6 日，第 4 版，杜國賓)

不論康柏或惠普究竟能否結合，投資人都不看好康柏股價的未來走勢。烏特堡公司分析師波勒表示，康柏股價受到惠普股價的牽制，因為雙方當初以換股為合併方式，康柏每股換惠普 0.6325 股，這等於限制康柏股價能夠漲到多高的緊箍咒，尤其是惠普股價如果下跌，康柏會跌得更凶。(經濟日報 2001 年 11 月 26 日，第 9 版，郭瑋瑋)

五、最大對手戴爾不看好

2001 年 11 月 26 日，英國《金融時報》報導，全球第一大個人電腦廠商戴爾創辦人暨執行長麥可‧戴爾在接受該報專訪時指出，惠普合併康柏，這筆交易可能造成客戶「混淆」(被搞得糊裡糊塗)，雙方還得花很多精神處理一堆雜事，無助於提高公司本身的價值，進而提供戴爾電腦二年的機會去奪取市佔率。(工商時報 2001 年 11 月 27 日，第 3 版，陳虹妙)

戴爾宣稱，會充分利用這個難得的機會，積極拓展市場，希望把市佔率提高至 40%。只是他很小心地指出，這是一個值得努力的「里程碑」，而不是財報上的目標。目前該公司全球市佔率 14.5%，第二大製造廠商康柏為 11%。

對於上述看法，惠普當然不能苟同。惠普財務長魏曼 (Robert Wayman) 強調，2001 會計年度第四季，惠普獲利衰退幅度低於外界預估，就證明惠普的經營策略相當成功，今後仍將按計畫進行，不受合併案影響。2001 年第三季，惠普營收下

跌 18%，而且獲利重挫 89% 到 9,700 萬美元。康柏營收下跌 33%，虧損 5 億美元。戴爾的表現卻相當抗跌，年營收下跌 10%，獲利下跌 36%，來到 4.29 億美元。

也許更為顯著的是，戴爾是該季唯一市佔率有所提升的個人電腦廠。直銷策略和先進的供應鏈管理模式，使得其他廠商難以跟戴爾匹敵，也是戴爾在這波景氣反轉時期，能夠逆勢成長的主因。美林證券公司指出，戴爾的財報再次證明了該公司能夠搶佔到令人印象深刻的市佔率。分析師認為，如果全球個人電腦市場 2002 年下半年能夠復甦，戴爾的市佔率可望進一步攀升。(經濟日報 2001 年 11 月 27 日，第 7 版，郭瑋瑋)

六、菲奧莉娜的生涯豪賭

菲奧莉娜併購告吹已有不良紀錄，2000 年 11 月，她以提升惠普服務競爭力為由準備併購適華庫寶 (Pricewaterhouse Cooper) 旗下的顧問公司。當時她宣稱這項收購案可使惠普提供企業全部所需要的東西，從伺服器、服務和軟體，到電子商務和網際網路營運等系統。這些市場的主要競爭對手是擁有全球最大顧問集團之一的 IBM，以及也正在推動進入顧問市場的硬體製造商昇陽 (Sun) 公司。(經濟日報 2001 年 9 月 5 日，第 3 版，林聰毅) 但最終由於投資人認為交易價格過高而反對下，該收購案在初始談判階段就宣告夭折。此外，惠普股價 2000 年 3 月升抵高點後，至今已慘跌 89%。

菲奧莉娜似乎犯了戰術上的錯誤，她低估了創辦人家族的影響力，所以未能向華特和大衛成功推銷此一合併案。如今，她將面臨其職業生涯最重要的一役，要是無法說服掌握一成公司股權的派克家族倒戈，大多數分析師皆認為，菲奧莉娜在惠普將玩完，去職已是必然。(工商時報 2001 年 11 月 25 日，第 10 版，張秋康)

七、對臺灣廠商的影響

2000 年臺灣資訊硬體製造產業產值達 470 億美元，其中康柏、惠普對臺採購金額分居外商的第一、二名，康柏 96 億美元、惠普 50 億美元，兩大外商對臺採

購金額就高佔資訊業三成。惠普康柏的合併對臺灣電腦業界的影響是長遠的：

㈠對代工廠的影響

合併成為新公司後，採購談判能力大為提升，臺灣等供應廠商免不了首當其衝（詳見表 5-2）。例如，新公司預計營運成本可以減少 20 至 25 億美元，壓低採購進貨價格當然就是第一考量。

兩家公司合併後，因產品線和品牌的整合，單一機種訂單的規模勢將提高。為了進一步降低供應鏈的投資，新公司應會持續執行原有的政策 —— 減少供應商的數量。

全球四大電腦廠商因為合併案將成為三國鼎立，出貨機種自必大幅減少，對以代工為主要業務的臺灣業者而言，將面臨重新洗牌的局面。惠普為求資源整合和議價能力提升，未來洽談代工訂單勢必更趨集中，如此一來，惠普的主要代工廠接單自然有機會水漲船高（詳見表 5-3），康柏的代工廠商則可能會有訂單流失

表 5-2　惠普、康柏在臺資訊產品採購對象

	採購項目	採購對象（依比重大小排列）	對臺採購
惠　普	桌上型電腦	大眾、華碩、神達、大同（準系統）	2000 年：50 億美元
	筆記型電腦	（仁寶*）、廣達	2001 年：成長 10 ~ 15%
	伺服器	大眾、華碩	
	主機板		
	監視器	CRT：源興、冠捷、大同 CD：（明碁*）	
	光碟機	建興、英群	
	PDA	仁寶	
康　柏	桌上型電腦	大眾、陞技（準系統）、鴻海（準系統）	2000 年：96 億美元
	筆記型電腦	（英業達*）、華宇、廣達、神基	2001 年：未透露
	伺服器	（英業達*）	
	主機板	技嘉、微星、精英、陞技、鴻海（小量）	
	監視器	CRT：源興、仁寶、誠洲 LCD：中強光電、仁寶	
	光碟機	建興	
	PDA	（宏達國際*）	

資料來源：周芳苑等，〈惠普購併康柏〉，《工商時報》，2001 年 9 月 5 日，第 4 版。
註：*代表出貨量佔該外商委外總量一半以上者。

的負面效應（詳見表 5-4）。

2001 年 9 月 4 日，股市反應也是如此。國內外法人認為，未來惠普將集中下單，有利於惠普概念股。因而前一日法人全面換股加碼相關概念股，終場包括神達、大眾、仁寶、華碩、廣達等股均急拉以漲停收市。反而是鴻海、英業達、華宇等以康柏為主要客戶的個股在可能出現轉單效應下，法人調節持股，走勢相對疲弱。(工商時報 2001 年 9 月 5 日，第 4 版，李洵穎)

表 5-3　惠普概念股

公　司	代工產品	佔營收比重 (%)	說　明
仁　寶	筆記型電腦	30 ～ 35	代工惠普近七成的筆記型電腦
	個人數位助理器	下半年出貨	目前為臺灣唯一供應商
華　碩	主機板	10 ～ 15	主機板的主要供應商
廣　達	筆記型電腦	8 ～ 12	代工惠普三成的筆記型電腦
大　同	桌上型電腦	40 ～ 50	桌上型電腦組裝
大　眾	桌上型電腦	－	桌上型電腦組裝，同時為兩家代工
神　達	桌上型電腦	5 ～ 10	桌上型電腦組裝，為兩家代工

表 5-4　康柏概念股

公　司	代工產品	佔營收比重 (%)	說　明
英業達	筆記型電腦	80	代工康柏近 40% 的筆記型電腦
	伺服器	20	目前為康柏在臺唯一供應商
華　宇	筆記型電腦	70	代工康柏近 25% 的筆記型電腦
華　升	桌上型電腦	90	桌上型電腦的主要供應商之一
技　嘉	主機板	5 ～ 10	主機板的主要供應商之一
微　星	主機板	5 ～ 10	主機板的主要供應商之一
鴻　海	準系統	約 10	準系統的主要供應商
大　眾	桌上型電腦	－	桌上型電腦的主要供應商之一，同時為兩家代工
神　達	桌上型電腦	25 ～ 30	桌上型電腦的主要供應商之一，同時為兩家代工

資料來源：ING 彰銀投信。

㈡對自有品牌廠商的影響

兩大企業合併之後，全球將是新惠普、戴爾、IBM 三足鼎立，三強所囊括的市場版圖將難以超越，臺灣積極拓展品牌業務的宏碁電腦和華碩將面臨更嚴苛的考驗。

宏碁 2002 年第二季在全球個人電腦市場排名第八，出貨規模只是前三名單一公司的 22%，差距相當大，在大者恆大的趨勢下，宏電挑戰前五大的目標將更加困難。華碩近一、二年也在品牌業務上積極耕耘，董事長施崇棠更在公司內部訂下挑戰前三大的積極目標，但在大廠力圖革新的大環境下，華碩品牌經營也備受考驗。

㈢對股價的影響

從 2002 年 3 月 4 日表決合併的消息曝光以來，康柏概念股的平均跌幅為 10.37%，遠大於加權指數 3.43% 的跌幅，其中英業達又因代工近四成的康柏筆記型電腦，成為外資出脫的對象，當週外資就賣超英業達股票 1.21 萬張。惠普概念股的表現則受惠於惠普將居主導地位，股價逆勢上漲，平均漲幅為 2.03%。(經濟日報 2002 年 3 月 19 日，第 19 版，吳文龍)

八、合併周年（2003 年）角度

2003 年 8 月 19 日，全美第二大個人電腦業者惠普公佈本會計年度第三季（截至 7 月 31 日止）業績，儘管比 2002 年同期明顯改善，但是營業額、淨利都不如原先預期，毛益率也告下降，甚至連執行長菲奧莉娜都表示，該季結果令人失望，惠普的表現應該不止如此。她強調，第四季（至 10 月 31 日止）的表現應該會有所改善，然而已有證券分析師對此表示懷疑。惠普指出，資訊技術支出不振和個人電腦相關產品價格大幅下降，導致個人電腦事業部虧損，是造成該公司業績不理想的主因。菲奧莉娜表示，惠普尚未看到資訊技術支出回升的跡象。

由於惠普近一年來大刀闊斧採取緊縮政策，不斷要求供應商折價供貨，以及

大幅裁員以節省成本，華爾街分析師大都看好惠普在 2003 年度第三季業績將大有斬獲。然而事實卻非如此，惠普 8 月 19 日美股盤後公佈，該季扣除一次性支出後每股淨利為 23 美分，雖然優於 2002 年同期的 14 美分，但是低於證券分析師原先預測的 26 美分。同時，惠普該季營業額為 173.5 億美元，雖然比 2002 年同期增加 4.9%，但是比第二季減少 4%，也不如原先預測的 174.6 億美元。

　　惠普指出，資訊技術產品價格快速下跌，是導致銷售與獲利不如預期的主因，證券分析師指出，惠普大手筆的行銷費用也是主因之一。菲奧莉娜表示，該季一向是市場最為嚴峻的時期，不過惠普的表現應該不僅於此。證券分析師指出，惠普的錯誤是在於對桌上型電腦採積極降價策略，導致個人電腦事業部陷入虧損。

　　該事業部第三季虧損 5,600 萬美元，但是第二季卻是獲利 2,100 萬美元。菲奧莉娜表示，惠普在價格策略上已有所修正，而開始調整過度積極的降價策略。(工商時報 2003 年 8 月 21 日，第 7 版，李洵穎)

(一)吃軟不吃硬

　　2003 年 7 月 25 日出版的《富比世雜誌》(*Forbes*) 的封面故事報導，惠普執行長菲奧莉娜在艱苦完成併購康柏電腦後的一年間已節省 35 億美元成本，下一個目標是使惠普成為科技服務業霸主。

　　這位女強人在以 190 億美元完成高科技業史上最大併購案，並且擊退難纏的對手惠普創辦人之子華特‧惠立特 (Walter Hewlett) 後，已為惠普的年度成本節省 35 億美元，比一年前承諾的金額多出 10 億美元以上。

　　儘管惠普從合併以來已裁員 1.7 萬名員工，但是不僅在各大領域的市佔率大有斬獲，並且獲得 3,000 項新專利，推出 367 項新產品，以及贏得寶鹼公司一紙 30 億美元、為期十年的外包合約。難怪惠普最近以 4 億美元的手筆大打品牌廣告，其他科技公司只能乾瞪眼。

　　惠普針對美國企業所推出的行銷內容說：「你必須整合與節省成本，本公司可以幫你辦到，因為我們自己做到了。」惠普藉整頓資料處理業務及供應鏈節省了數十億美元成本。在跟康柏的系統合併方面，惠普建立一種可連結逾 25 萬部電腦和掌上裝置的單一通訊網路，每天處理 2,600 萬封電子郵件，同時削減應用軟體數

目由 7,000 個減至 5,000 個，零件數目則由 25 萬減至 2.5 萬個。

惠普的省錢法寶是「適應企業」(adaptive enterprise) 策略，運用新科技及更智慧型的諮詢服務，能以較少的裝置和較低的管銷費用為更多人服務。惠普在書面合約中保證，「適應模式可為公司節省 15% 至 30% 的成本」。

在合併後惠普的製造成本減少 26%，2003 年上半年來惠普在服務方面的稅前毛益率平均為 10.7%，比 IBM 的 9.7% 還要好。惠普統合供應鏈後節省 10 億美元成本，庫存時間由 48 天降至 40 天，營運資金增加 12 億美元，應收帳款縮短四天，可用資金增加 8 億美元。(經濟日報 2003 年 7 月 26 日，第 8 版，林聰毅)

(二)繼續砍成本

鑑於分析師預估 2003 ~ 2007 年惠普公司的年銷售成長平均不會超過 7%，菲奧莉娜不斷要求供應商折價供貨，以降低成本、提升獲利。

不過，證券分析師認為惠普仍需開源，不能光靠節流，Stein Roe 投顧公司分析師瓊斯 (Chuck Jones) 說：「你需要營收成長以便利潤能成長。」「你只能節省這麼多。」

菲奧莉娜透過減少四成的配銷中心、要求供應商折價供貨，以及裁員 1.66 萬人等措施，彌補疲弱的營收成長。湯瑪遜財務公司 (Thomas Financial) 訪調的證券分析師預測，惠普第三季銷售由 2002 年的 165 億美元增至 175 億美元。

菲奧莉娜從 2001 年 9 月宣佈併購康柏的計畫以來，已兩度削減供應成本。該公司說，至 6 月底止已降低購買硬碟機、電路版等供貨成本。菲奧莉娜已節省 35 億美元的年度費用，其中 15.5 億美元來自供應商，2004 年度目標是再節省 10 億美元的採購成本。

菲奧莉娜把配銷中心由 47 個減至 28 個，該公司並且替供應商主辦拍賣會，克拉克說，光是個人電腦磁碟機就可以省下至少 2,500 萬美元。

(三)股市績效

獲利改善也激勵股價扶搖直上，惠普股價在第三季上漲 30%（詳見圖 5-1）。

湯瑪遜財務公司說，惠普在 2003 年度營收將有 724 億美元。(經濟日報 2003 年

圖 5-1　惠普股價圖

單位：美元/股

8月19日22.11元

8月　11月　2月　5月　8月

2002年　　2003年

8月20日, 第1版, 林聰毅)

推薦閱讀

1. 編輯部,〈康柏電腦真正的藏鏡人〉,《EMBA 世界經理文摘》, 1999 年 6 月, 第 22 ～ 24 頁。

2. 編輯部,〈康柏換手的幕前幕後〉,《EMBA 世界經理文摘》, 1999 年 12 月, 第 1 ～ 14 頁。

3. 榮泰生,〈惠普購併康柏的策略觀點〉,《管理雜誌》, 2001 年 10 月, 第 110 ～ 113 頁。

問題討論

1. 站在康柏電腦的角度,為什麼不找戴爾電腦、IBM 談合併?

2. 康柏是否因為過去幾次併購案失當,以致拖累自己呢? 也就是資產重建是否有辦法自救?

3. 菲奧莉娜為何獨鍾個人電腦事業? 這是否自打耳光,因為她信誓旦旦要把惠普由製造業轉向服務業 (如檔案印刷)?

世界大車廠的併購爭霸戰

「證據到哪裡,就辦到哪裡」,這是檢察官的口頭禪;隨著資料的垂手可得,意外的才發現二本拙著中,全球大車廠的案例佔了二成(詳見表5-5)。這不符合臺灣的產業結構,不過,談車子誰沒興趣?汽車是小男生最喜歡的玩具之一,也是大男人談話的熱門題材之一。由於它在人們生活中的重要性,不知不覺中媒體的報導也似乎特別多,然而就因為報導的量令人目不暇給,以致如墜五里雲霧,抓不住全貌。因此,我們上窮碧落下黃泉的把世界大車廠的併購爭霸史整理出來,盼能讓你看到森林!

表 5-5　拙著《管理學》、《策略管理》二書中有關車廠的個案

書　名	章　次	個　案
管理學	5	日產汽車高恩的跨部門團隊改革奏效
	6	美國福特汽車的王子復仇記
	8	通用汽車打造新遠景
	11	改造克萊斯勒──柴許挑重擔
策略管理	2	德國「藍波」施倫普──鐵腕再造戴姆勒克萊斯勒
	5-2	世界大車廠的併購爭霸戰
	13	魯茲要讓通用汽車耳目一新
	14-2	福特汽車重塑企業文化
	17	法國「拿破崙」高恩──成本殺手為日產找回新生機

一、英國《經濟學人雜誌》的分析

英國《經濟學人雜誌》估計 1999 年全球汽車的銷售量衰退 8%,總數約 4,500 萬輛,創十年新低。需求雖驟減,產能卻大得驚人,高達 7,100 萬輛,供過於求的狀況十分嚴重,加上居高不下的研發經費,這對汽車產業是一大考驗。

產能過剩帶給汽車業龐大的殺價壓力,小廠林立更引發市場價格的混亂,部分韓、日汽車業者經營不善,迫切需要外來資金挹注,賣股求現,實非得已。大型車廠為減少競爭者,最好的辦法就是加強合縱連橫,一方面強化自己的競爭力,另一方面在主導減產的工作上也比較能確實收效。

二、日本車廠走下坡

　　1980年代曾經盛極一時的日本汽車業，日產汽車的成功故事等於是日本經濟的光榮樣板之一。日產的Datsun車系在美國大發利市，當時美國著名的暢銷書作者哈伯斯坦以日本第二大車廠日產的興起跟美國第二大車廠福特的頹敗作對比出書，讓日本人引以為豪，也讓不少美國人深以為鑑。

　　就跟大多數日本企業一般，為了攀上全球頂峰而迷失了方向，大舉擴充全球據點，卻未考慮資產報酬率，並且大舉購置房地產、買進企業股票，成為日本泡沫經濟的推手之一。如今日產因為負債沉重，必須出售東京銀座區的總部大樓來償債，滿手的股票也成為日產心中的痛，1998年會計年度上半年（4至9月）的股票跌價損失將膨脹到600億日圓左右。(工商時報1998年11月18日,第6版,林正峰)

　　長達九年的經濟停滯讓日本人原本深以為傲的汽車廠由買方（掠奪者）變成賣方（獵物），真是情何以堪？只剩下本田和豐田財務健全，暫逃一劫。1999年3月，德國戴姆勒克萊斯勒汽車收購三菱汽車後，全日本十一家車廠便有七家被外國車廠買走。能打進全球前六強的二大，則擬透過下列方式自求多福：

1. 豐田希望能強化對日本汽車製造商大發汽車、卡車製造商日野，以及像電裝等組件供應商的掌控。豐田董事長為1995年1月中旬才由總裁一職升任的奧田碩。
2. 本田如果想要擠入六霸行列，那麼就必須再擴大自己現有勢力。不過，要是能夠跟豪華車製造商德國寶馬合作的話，那麼兩家公司將可創造出一組夢幻隊伍，本田的總裁為吉野浩行。

三、歐美車廠漸居上風

㈠有錢好辦事

　　活力充沛的經濟情勢有助於歐洲和美國的汽車廠取得併購所需的資金動能，

透過併購日、韓車廠，歐美車廠才能躍過國界障礙。

㈡名聲響亮的廠牌越來越重要

汽車製造商區分為擁有完整產品線的核心廠商，另外是必須借重跟核心廠商合作關係來強化實力的次級廠商。只有少數車廠擁有完整的產品線，以滿足全球市場的各種需求。

福特和福斯過去都是以價格低廉的國民車作為號召，但現在兩者都放棄上述策略轉而攻向高檔車，福特買下了富豪、積架、路華和 Aston Martin，福斯購買了 Bentely、Bugatti 和 Lamborghini 等廠牌。

㈢研發費用居高不下

由於科技研發成本上升的速度快，尤其是在開發低污染新引擎或另類推進燃料時的成本非常高，規模較小的汽車廠無法負擔。

可是，如果汽車製造商無法獨立發展排氣清淨的引擎、無法使汽車上路後表現較佳或是改善汽車安全功能的話，就會被拒於歐洲、美國和日本的市場之外。一方面自然是因為輸出國目的地的管制，但也可能只是純粹敵不過財務實力豐厚的敵手汽車的競爭。(工商時報 2000 年 3 月 27 日，第 6 版，孫曉莉)

四、世界大車廠併購風

2000 年 3 月 2 日，美國《紐約時報》報導，1998 ～ 2000 年來汽車公司被其他汽車製造商併購的速度之快、數量之多，令人目不暇給。

表 5-6 1998～2001 年世界大車廠併購紀錄

日 期	1998 年 7 月	11 月	1999 年 1 月	3 月			12 月	2000年 6 月	2001年 9 月	2002年 －
買 方	德國福斯 (VW)	德國戴姆勒 (Daimler)	美國福特 (Ford)	法國雷諾 (Renault)	德國戴姆勒克萊斯勒	美國福特	美國通用 (GM)	美國通用	美國通用	德國寶馬
賣 方 ( ) 表示收購股權比率	英國維克集團旗下勞斯萊斯	美國克萊斯勒 (Crysler) 合併	瑞典富豪 (Volvo) 資產收購	日本日產 (Nissan) (35%)	日本三菱 (37.3%)	德國寶馬 (BMW)旗下路華*	日本富士重工 (20%)	南韓現代 (10%)	南韓大宇資產收購	福斯旗下勞斯萊斯資產收購

通用汽車旗下：德國歐普 (Opel)、瑞典紳寶 (SAAB)(5%)、日本的鈴木 (49%)、五十鈴 (10%)。
福特旗下：英國捷豹 (Jaguar)。
福斯旗下：2001 年 11 月分成二大品牌集團：⑴奧迪 (Audi)，下轄西班牙喜悅 (SEAT)、蘭寶堅尼 (Lamborghini)⑵傳統事業，以福斯為主，包括賓特 (Bentely)、保吉地 (Bugatti)、士高達 (Skoda)。
*英國航太公司旗下的路華 (Rover) 汽車公司，於 1994 年 2 月，以 12 億美元賣給德國寶馬集團。

五、美國《商業週刊》的預言

1999 年 1 月 25 日，美國《商業週刊》大膽預測，全球汽車業在經歷殘酷的鯨食鯨吞後，最後將僅剩下六大霸主（詳見表 5-7），即僅有一成的車廠能賺錢。（工商時報 1999 年 1 月 29 日，第 6 版，林正峰）

目前的併購動向如下：

1. 美國福特汽車有意收購日本本田、德國寶馬。
2. 德國福斯汽車想收購義大利飛雅特 (Fiat)。
3. 法國雷諾有意收購南韓三星汽車。

表 5-7 未來汽車業六巨頭營運情況

公 司 項 目	通用汽車	福特汽車	戴姆勒克萊斯勒	福斯汽車	豐田汽車	本田汽車
全球汽車銷售（萬輛）	750	680	400	458	445	234
1998 年營收（億美元）	1400	1180	1473**	750	1060	540
1998 年獲利（億美元）	28*	67	64.7**	13	40	24
持有現金（億美元）	166	230	250	124	230	30

資料來源：《商業週刊》。
*包括重組的一次性支出。　　　　　　　**戴姆勒和克萊斯勒的合併業績估計值。

問題討論

1. 克萊斯勒為何在美國會敗下陣來，而導致被德國戴姆勒合併？

2. 跟克萊斯勒相比，福特汽車是不是「五十步笑百步」？該如何才能反敗為勝？

3. 法國雷諾、標緻汽車的競爭優勢何在？

4. 日本的豐田、本田要如何走入全球市場（及國際併購）？如果不這麼做還能保得住江山嗎？

台積電、聯電世紀大對決

用「既生瑜,何生亮」來形容台積電與聯電兩家晶圓代工廠彼此的競爭,應該算是相當貼切。曹興誠為了要讓聯電奪下世界第一晶圓代工廠的寶座,近幾年來頻頻出招,打得台積電董事長張忠謀連「要讓對手屁滾尿流」(1997 年 11 月 23 日台積電和世界先進聯合運動會)這種粗魯話都說出口,就可看出曹興誠在經營企業上的野心。

張忠謀曾表示半導體產業的競爭應該像慢跑一樣,在光天化日之下進行比賽,沿途有各種挑戰與變化,而不應將競爭塑造得如同拳賽,只能在昏暗室內有限的舞臺上進行短時間的搏鬥。這是兩段有關全球第三、四大晶圓代工廠董事長對彼此競爭的看法,雙方的競賽主要透過策略聯盟、併購來擴大版圖,規模之大,個案之多,報導之繁,可說是臺灣併購的最佳劇本,幾乎可以拍成一部電影。

一、半導體產業的機會

隨著電腦的普遍運用,IC 業中的晶圓代工當然也就水漲船高,雖然在 1996 ～ 1998 年由於全球過度投資,以致業者獲利不佳,但 1999 年產業景氣復甦,張忠謀認為至少還有二十年好光景,年成長率為 20 ～ 25%,而且以 1999 ～ 2000 年上半年來說,全球產能不足,買方急著找工廠。

二、臺灣的市佔率

臺灣在晶圓代工方面的全球市佔率,在 1999 年已達 71%。不僅量大,而且獲利高;不像動態隨機存取記憶體 (DRAM) 那樣呈殺戮戰場的情景。

三、台積電 vs. 聯電——合縱連橫

台積電、聯電為了取得技術來源或訂單,紛紛跟歐美日的大型公司進行合資或技術移轉的策略聯盟(參見表 5-8)。

在 1998 年以前,聯電採合資方式成長,台積電比較偏重採衍生方式的內部成

表 5-8　台積電、聯電的擴張方式

日　　期	台　積　電	聯　　電
1994 年	設立世界先進（持股三成）	
1995 年 4 月	赴美設廠，即 Water Tech（持股六成） 在新加坡成立 SSMC（持股四成）	成立聯誠
1996 年 4 月		成立聯瑞 成立聯嘉
1998 年 4 月		入主合泰半導體，買下新日本製鐵公司 半導體事業部，改稱聯日
1999 年 6 月	買下德碁半導體三成股權	宣佈合併旗下 4 家子公司
1999 年 7 月	世界先進買下力晶 11%	
1999 年 7 月	宣佈合併德碁	宣佈跟日本合資成立 12 吋晶圓廠
2000 年 1 月	合併力世	

長。但 1998 年以後，聯電採取併購方式以求快速趕上台積電，而台積電也於 1999 年採取防禦性合併，雙方展開一場馬拉松似的併購競賽。

在一片併購熱中，臺灣晶圓代工大廠未列入這兩大集團版圖的只剩：

1. 上市公司：南亞科技、茂矽、華邦、旺宏，屬自有品牌晶圓製造廠，其中南亞科技、旺宏、茂矽將建立 12 吋晶圓廠。

2. 上櫃公司：力晶、茂德、鈺創、世大。

四、台積電的作法

㈠張忠謀的策略雄心 —— 以美國英特爾為標竿

張忠謀屢次提到英特爾之所以成為半導體業的巨人，是因為「他們已經建立起製程技術及產品設計上的雙重障礙」。40 歲就已經是半導體業的世界級人物，加上張忠謀強勢、霸氣的性格，充分展現他企圖經營世界級半導體公司的雄心，他用世界級的標準要求技術、品質，並且不斷逼促幹部，「一定要做出一點成績來」。他說：「台積電要直追英特爾，世界先進則是以挑戰韓國三星為目標。」

台積電董事長張忠謀（中國時報資料照片）

㈡合併德碁半導體

　　台積電董事長張忠謀在被曹興誠緊咬著不放後，終於忍無可忍，在 1999 年初買下德碁、力晶兩家公司部分股權，並於年底對外界宣佈把德碁股權全部吃下，以便擺脫聯電的競爭。

　　1999 年 6 月 8 日，台積電跟宏碁電腦簽約出資 54.7 億元，等於以每股 9.5 元購入德碁（資本額 242 億元）三成股權。德碁將因此改組董事會，九名董事中，台積電佔四席，宏碁三席（但宏碁集團持股比率約 32%）；台積電也將佔有三席監事中的一席。台積電總經理曾繁城出任德碁董事長，德碁公司名稱維持不變，英文名字改為 TSMC-Acer Semiconductor Corp.。

　　此項投資的效益，主要著眼於和宏碁集團的合作，以及宏電集團在 IC 零件和晶圓代工等領域的龐大需求。宏碁出售三成持股的原因是，德碁在歷經 1997、1998 年連續二年虧損超過 50 億元後，雖然宏碁集團負責人施振榮在 1998 年親披戰袍意圖重振德碁，但由於 DRAM 產業在 1998 年中步入谷底，德碁預估 2000 年虧損 10 億元。終於使得宏碁集團將德碁的三成股權讓售給台積電，台積電就此掌控德碁的經營權，並迅速把德碁由 DRAM 製造廠轉型成為專業的晶圓代工廠。

　　1999 年 12 月 30 日，台積電、德碁半導體簽定合併契約，換股比例暫訂為 1 比 6，合併後的台積電在 2000 年的 8 吋晶圓總產能近 300 萬片，產能居世界第二，拉大跟聯電的產能差距。

　　德碁董事會通過暫定合併基準日為 2000 年 6 月 30 日，台積電合併德碁之後，資本額達 795 億元。台積電並預計發行 2.8 億新股，以進行換股併購的動作。張忠謀曾強調，這項合併的決定跟近來聯電方面的動作絕無相關，合併德碁的最大目的在營運效率上，人員調度將更具彈性，而擴產、增資、採購設備等更為單純，這些都是立即效益，至於產能的挹注，可能要到 2001 年後才會逐漸顯現。

　　德碁 2001 年預計產能約 47 萬片，在台積電預估產量 282 萬片 8 吋晶圓，已

把德碁的 32 萬片產能計算在內，台積電產能已居世界第二。另外 15 萬片是屬於 DRAM 製造、銷售業務，此部分營收也要計在台積電營收帳上，以 2000 年 64Mb DRAM 均價 7.5 美元計算，這部分營收約 143 億元，也將使台積電營收從原預估的 1,340 億元，增加至 1,483 億元。

至於德碁的最大股東宏碁集團為什麼會贊成合併呢？施振榮指出，6：1 換算出來的每股轉讓價格，仍為德碁淨值的四倍左右，對近三年大幅虧損的公司來說，應該是相當合理的價位，此合併案將替宏碁創造 200 億元以上的帳面獲利。

施振榮向德碁員工喊話時指出，在併入台積電之後，立刻就可以開始獲得配股等紅利，如果維持獨立，以德碁的財務狀況，恐怕還得再等上二、三年。

㈢力晶是下一個目標

1999 年 7 月台積電關係企業世界先進也隨後購下力晶 11% 的股權，藉此取得力晶大股東日本三菱 0.18 微米製程技術，技術權利金達 5 億元。台積電、德碁、世界先進、力晶等四大半導體廠同氣連枝，號稱「台積電家族」，台積電家族的形成，合計資本額、營業額各達 1,400 億元、1,100 億元，大約佔臺灣半導體製造業的四成比重。

相較於聯電四處尋求合作併購對象，台積電對家族成員的主控權相當高，可在適當時機做出最佳的合作組合彈性，包括製程、產能人員、資金甚至決策等，都比聯電來得方便、迅速，代價也遠較聯電為低。

五、聯電的作法

1998 年，聯電轉行做晶圓代工，便一直以台積電為假想敵，並採取低價搶單，以擴大市佔率，以及跟各 IC（積體電路）設計公司合資設廠，以鞏固訂單，採取這雙重作法來快速成長。

㈠曹興誠的策略企圖

聯電集團先前以「精悍、迅捷」作為立業的標竿，這宛如海軍陸戰隊的口號，是用來砥礪聯電人要以破釜沉舟的精神，超越競爭者。身為集團大家長的曹興誠

更是以身作則，用行動來表示本身的決心。

曹興誠在 1996 年提出，兩年後要超越台積電；而 1997 年 6 月台積電宣佈，要在十年內投入 4,000 億元興建 5 座晶圓廠後，7 月曹興誠接著提出，也將投資 5,188 億元，赴南科興建 6 座晶圓廠。

聯電董事長曹興誠（中國時報資料照片）

(二)收購日本半導體廠

1998 年，聯電以 3 億元低價併購了新日本製鐵公司半導體部門，改名為聯日半導體。並轉做晶圓代工業務，聯日半導體目前約有五到六成晶圓代工客戶為日本整合元件製造廠 (IDM)。聯電買進新日鐵時，買進價格為每股 5 萬日圓，現在聯日半導體公司不但已轉虧為盈，股價已達 348 萬日圓，股價漲幅已近七十倍，目前更名列日本上櫃市場市值規模前八大上櫃公司。

(三)收購合泰

在現實經營壓力下，合泰半導體在 1998 年 5 月股東會上，原經營層決定大幅調整組織架構，把合泰半導體一分為二，合泰半導體產品事業部獨立出去成立新的 IC 設計公司，合泰半導體則只留下晶圓廠，轉型為專業晶圓代工廠，並請聯電集團入主，由曹興誠擔任合泰董事長，合泰正式被聯電集團收編，此時已有傳聞聯電將合併合泰，但僅止於構想階段。1999 年時，股本 106 億元，營收 62 億元，稅後淨損 7 億元。

(四)五合一的新聯電

1998 年時，聯電為了趕上台積電，跟各家 IC 業者合作，設立聯嘉、聯瑞、聯誠等晶圓代工公司，各自發展。但在 1999 年 6 月 14 日，又宣佈 2000 年 1 月 3 日五家公司合併，稱為「新聯電」，產能約是台積電的八成，至於合泰股票已於 1999 年 12 月 28 日下市。

聯電計畫把 4 家子公司合併，整個決議過程在極為保密的環境中進行，但前後僅花費兩個星期的時間便敲定。根據曹興誠的說法，聯電合併 4 家子公司後，

預計可以帶來精簡成本、簡化管理及提高績效等合併效益，也可以大幅提升聯電在國際半導體界的排名。聯電在五合一之前，資本額 664 億元，營收約 290 億元左右，每 1 元股本可做 0.437 元生意，而以新聯電資本額 902 億元計算，營收合計可達 610 億元，每 1 元股本可做 0.676 元生意，效益提升。而真正效益發生在 2000 年，營收可達 1,050 億元，每 1 元股本可做 1.164 元生意，營運效益大幅提升，每股獲利為合併前的 2.66 倍。

執行五合一案程序的會計師表示，聯電合併的動機，除了能提升營運效率外，主要就是為了簡化財務報表，讓公司財務透明化，走向國際化，邁向全球晶圓大廠之路。

六、上半場比數

由表 5-9 可見，從 2000 年以來，台積電營收大幅把聯電拋在後面，2000 年時，聯電營收還達台積電的六成，到了 2001 年底，只剩四成五左右，聯電的股價大約也只有台積電的一半。這差距除了來自技術水準外，另一重要原因為台積電市場廣度較大（例如 PC、消費電子、通訊）、聯電市場較集中（偏向通訊）。(經濟日報 2001 年 12 月 8 日，第 3 版，黃昭勇)

2002 年第一季的《麥肯錫季刊》評選亞洲十大股東價值創造者，由大陸的中國移動奪魁，每年創造 75 億美元的獲利；而台積電為亞軍，每年創造 33 億美元的獲利。麥肯錫表示，這些亞洲企業成功原因在於：奉行擴張全球市場、鎖定目標市場以及減輕資產負擔等三大致勝策略。(工商時報 2002 年 3 月 2 日，第 2 版，蕭美惠)

表 5-9　台積電與聯電營收比較

單位：億元

年　月	台積電	聯　電	聯電／台積電 (%)
2000.1	93.27	60.86	65
2000.10	174.62	107.12	61
2001.1	161.57	95.02	58
2001.10	103.38	47.22	45
2001.11	110.59	48.07	43

推薦閱讀

1. 王正勤,〈曹興誠和聯電集團槓桿擴張稱霸雄心〉,《天下雜誌》, 1999 年 3 月, 第 160 ～ 168 頁。

2. 顏和正,〈聯電 vs. 台積電爭霸的下一步〉,《天下雜誌》, 2001 年 7 月, 第 46 ～ 50 頁。

3. 伍忠賢,〈第一章:台積電, 聯電大戰 IBM 跟中芯〉,《科技管理》, 全華科技圖 書公司, 2003 年 9 月。

問題討論

1. 請從人格特質理論, 作表整理張忠謀、曹興誠的領導能力, 可參考拙著《策略 管理》第三章第二節。

2. 台積電、聯電為什麼不到南韓去買公司?

3. 聯電五合一案, 你如何區分主要動機中報表透明化跟交易內部化(減少母、子 公司間的交易成本)孰輕孰重?

4. 聯電為什麼無法搶下併購德碁?

5. 聯電營收落後於台積電, 是歷史(起頭不平等)因素還是近來的策略因素?

達夫特擦亮可口可樂招牌

可口可樂董事長兼執行長
達夫特（該公司提供）

可口可樂公司董事長兼執行長達夫特 (Douglas Daft)
表示，可口可樂真正的事業，不是賣飲料，而是散播可口
可樂的理念，也就是這塊招牌的魔力。

1999 年 4 月臨危上任後，隨即扛起救火員的角色。
除了解決數起（如歐洲裝瓶污染等事件）公關事件和雇傭
歧視官司外，還大刀闊斧地調整組織、推動新的行銷策
略。澳洲籍的他是公司第一位外籍董事長，之前擔任亞洲
部主管。

在達夫特掌舵後第二年，他發現讓公司反敗為勝的
任務比想像中還艱鉅。許多 2000 年 12 月發表的創新點子，都尚未商品化，且他
的強烈企圖心經常遭到掣肘。2000 年 11 月，公司董事會否決他收購桂格麥片、
開特力運動飲料的提案，這二個併購獵物最後淪於勁敵百事可樂之手。9 月，達
夫特和寶鹼公司 (P&G) 洽談中的零食、果汁合資事業也喊卡。

2000 年，達夫特向華爾街分析師保證，每股獲利會比 1980 年代可口可樂全
球化全盛時期多出 15%。4 月，他把每股盈餘成長目標調降為 11 到 12%，但分析
師認為，可口可樂連要達成調降後目標都有困難。摩根證券公司資深分析師佛雪
預期，可口可樂 2001 年的營業純益只能成長 5%，成為 54 億美元，營收成長有限，
約 201 億美元。

美國市場成長減緩，1995 年來每年平均成長率 3.9%，跟積極進軍非碳酸飲料
市場的百事可樂 4.5% 的年平均成長率相比，相形遜色。從達夫特上任以來，可口
可樂股價已下跌 25%，相對的，百事可樂股價漲升 38%。

達夫特雖然彌補了前任者伊維斯特 (Douglas Ivestor) 的策略失誤，卻遲遲未
找到新的成長策略。可口可樂高階主管表示，財務數字並未充分顯現公司的改進。

儘管達夫特的桂格併購案遭董事會封殺，董事會認為在目前的經營環境下，
達夫特的表現還是可圈可點。而且至少有些投資人認為，品牌威力強大無比的可
口可樂可望扭轉頹勢。萬恩投顧公司分析師德瑞克說：「他所採取的動作都是正確
的方向。雖然還沒有在盈餘上顯現出來，但我相信他們會有所突破。」(經濟日報 2001
年 12 月 8 日，第 9 版，官如玉)

一、產品改良只能小勝

　　一向改變不多的可口可樂旗艦產品可樂和健怡可樂也做了一些調整，重新出擊，包括檸檬口味和方便女性放在皮包內攜帶的 8 英兩重小包裝。然而零售商和競爭對手認為，可口可樂推出的創新產品，並沒有讓人印象深刻。一些零售商指出，雖然可口可樂的健怡可樂仍是主力產品，可口可樂必須針對關鍵性的青少年市場研發突破性的產品，才能跟百事可樂的 Mountain Dew、SoBe 營養補給產品線較勁。

二、產品創新才夠強

　　拜瓶裝水和檸檬汁銷售拉出長紅之賜，可口可樂終於在非碳酸飲料市場佔有一席之地。擔任亞洲業務掌門人期間，達夫特因為成功進軍獲利豐厚的日本咖啡和茶飲料市場，並且快速嗅出飲料市場新趨勢，而建立個人聲望。

　　儘管可口可樂、健怡可樂、雪碧汽水和礦泉水等旗艦商品，持續為公司創造龐大獲利。但達夫特深知，這些主力飲料的成長逐漸鈍化；運動飲料、非碳酸飲料等市場卻大幅成長。因此從 2001 年開始，達夫特便以和知名廠牌合作為主要策略，試圖讓可口可樂的產品更加多樣化，並針對全球各個市場推出符合當地需要的產品。也就是他所強調的「想法本土化，行動本土化」的策略，主打地區是亞洲，例如在臺灣則重新推出中國茶飲料，爭食一年 65 億元的市場大餅。(工商時報 2001 年 7 月 3 日，第 16 版，陳彥淳)

　　2001 年 1 月底，達夫特宣佈擴充旗下的雀巢 (Nestle) 產品線，除了原有的雀巢冰茶、雀巢咖啡外，再加入花草飲料，增加四十餘國行銷據點。此外，可口可樂也買下一家小型罐裝咖啡公司爪哇星球 (Planet Java)，未來將跟經銷星巴克 (Starbucks) 法布其諾 (Frappuccino) 罐裝咖啡的百事可樂一別苗頭。

　　接著，可口可樂宣佈跟消費產品巨人寶鹼公司，合資成立一家以雙方二線產品為主的公司。可口可樂將提供美麗果 (Minute Maid) 生產線內所有果汁產品，寶

鹼則貢獻 Sunny Delight 果汁飲料和品客洋芋片。

幾天前，迪士尼也同意跟可口可樂聯名推出一系列以迪士尼卡通人物為名，富含各種維生素的健康飲品。除此之外，可口可樂也搶下搭配華納兄弟 (Warner Brothers) 年度大片《哈利波特》(*Harry Potter*) 電影版全球行銷的合約。

達夫特試圖以一系列的革新和新產品，吸引各個年齡層的顧客。用 5 億美元的鉅額代價，推出更強勢的行銷活動，保持最大獲利來源——可口可樂、雪碧汽水等招牌產品在全球市場的優勢。(經濟日報 2001 年 3 月 6 日，第 5 版，陳智文編譯)

問題討論

1. 可口可樂為何不安於室（即在飲料市場採多角化策略）？

2. 可口可樂如何在全球飲料市場採取本土化策略？

3. 可口可樂的事業經營漸趨多角化，但 1980 年代雜亂無章的多角化（連養蝦業也介入）歷史是否會再重演？

4. 可口可樂如何發揮利基循環（即以碳酸飲料去帶動其他飲料和相近產品）？

大霸電子打帶跑合適嗎?

大霸電子總公司（該公司提供）

同步拓展代工和開發自有品牌手機的大霸電子 (5304)，在接獲德國西門子 600 萬支手機訂單（2002 年第二季出貨）之後，2001 年 11 月 27 日發表 A325 自有品牌手機，而且 2002 年第一季推出 GPRS 和彩色螢幕手機。

一、代工業務

大霸做手機代工已有數年，1999 年起，便有替摩托羅拉代工 800 萬支手機的業績。可惜，無法像鴻海等諾基亞概念股一樣，接到第一大手機商的大單。但是 2002 年 4 月初，摩托羅拉抽單，改由自己的大陸天津廠生產。(工商時報 2002 年 1 月 31 日，第 13 版，吳筱雯)

二、大陸行銷

大霸電子上海廠（該公司提供）

為了打響自有品牌手機知名度，大霸斥資促銷，2001 年投入 2 億元預算，2002 年預計增為 10 億元。在大陸，已設立二十一家分公司，業務人員共 700 多名，還以每月 150 人的速度增加中，大霸上海子公司計畫在 2004 年股票掛牌上市。

三、2001 年由盈轉虧

2001 年大霸營運表現不佳，在 11 月初宣佈調降財務預測，並由盈轉虧，稅前盈餘由 5.44 億元，調降為虧損 2.92 億元，每股稅後虧損 0.53 元。

四、2002 年看好

2001 年原訂集團的 300 萬支手機出貨量，應可順利達成，2002 年在西門子和自有品牌手機挹注下，可望大幅成長至 1,000 萬支，甚至上看 1,500 萬支。其中大霸和子公司泓越科技，各佔一半出貨量，後者接到法國阿爾卡特入門級 GSM 手機 500 萬支訂單。(工商時報 2001 年 12 月 11 日，第 14 版，吳筱雯) 預估 2002 年第二季出貨量，可達經濟規模，並且達到損益兩平，擺脫虧損的窘態。(工商時報 2001 年 11 月 28 日，第 25 版，王中一)

五、廣達自創品牌，鎩羽而歸

類似的案例，讓我們來看看同樣以代工起家的廣達所遭遇的情況。筆記型電腦一線廠廣達電腦 (股票代號 2382)，2000 年出貨量超過 300 萬臺，營收逾 800 億元。

廣達是全球數一數二的筆記型電腦製造廠商，出貨規模跟日本東芝在伯仲之間，代工客戶多達十家以上，一直是筆記型電腦同業實力堅不可破的頭號競爭對手。以如此強勁實力，1999 年在美國轉投資成立 Q-lity 公司，以自有品牌跨足主機板和桌上型電腦周邊產品領域，尤其是組裝電腦 (clone)，也打算跟電源供應器和機殼廠商共組準系統，爭取國際大廠代工訂單。

然而在個人電腦產業趨於成熟、臺灣業者在歐美市場經營品牌不易等大環境下，2001 年 4 月 Q-lity 走入歷史，廣達跨足主機板和桌上型電腦領域的嘗試歷程劃下句點。(工商時報 2001 年 4 月 30 日，第 13 版，周芳苑)

六、一翻二瞪眼

大霸 2002 年營收 57.31 億元,比 2001 年成長 21.18%,稅前盈餘 3.77 億元,稅後純益 2.62 億元,每股稅後純益 0.4 元,將配發股票股利 0.3 元。

董事長莫皓然解釋 2002 年目標沒達成的原因:2002 年底因為手機市場進入轉型階段,各手機大廠大舉推出彩色螢幕、內建數位相機式機種,市場過熱且消費取向不明。大霸於 2002 年 12 月緊急煞車放緩腳步,因而 2003 年上半年大陸市場庫存水位過高以及 SARS 等多重因素,手機市場景況不佳,但是大霸卻未受到太大影響。

大霸集團 2003 年前三季營收 102.5 億元,自結第三季稅前盈餘 11.29 億元,更擺脫前兩季的虧損陰霾,轉虧為盈。上半年小幅虧損。

七、打不死的樂觀派?

2003 年 6 月 27 日,在股東大會中,莫皓然認為,大霸已結束 2001、2002 年的練兵階段。2003 年 9 月推出內建 30 萬畫素相機的新機種,並且落實雙品牌策略,由迪比特 (DBTEL) 主攻大眾市場,價格訂在 1 萬元以下;Dbtel 進攻精品市場,但是價格下限會從先前的 3 萬元下調到 1 萬元,把兩個品牌連接成完整的產品線。

莫皓然把 7 月視為全力搶攻手機市場的 D-day,未來會以每個月二到三款的速度推出新手機,正式脫離鄉村游擊戰,開始走入城市正規戰,跟國際大廠正面交鋒,努力達成「二年內大陸第一、三年內亞洲第一、五年內世界第一」的雄心壯志。

4 月時,大霸獲選進駐土城頂埔工業區,取得 4.6 公頃土地,預計耗資 16 億元興建廠房、14 億元購買設備,設立行動通訊中心。

莫皓然認為參加頂埔開發計畫是為了展現根留臺灣的決心,大霸在臺北、上海和天津都有擴廠計畫。(經濟日報 2003 年 6 月 28 日,第 19 版,曾仁凱)

(一)自有品牌

　　大霸由過去替國際手機大廠代工,在 2001 年轉型主打 "DBTEL" 自有品牌市場,並且以大陸為主戰場。儘管 2002 年仍處於轉型陣痛期,還曾二度調降財測,但是莫皓然對於 2003 年的表現很有信心,並曾表示,大霸由過去的游擊戰轉而逐鹿中原的時間到了,將以全系列產品搶攻市場,2003 年會是大霸「很好的一年」。

　　大霸 2003 年在行銷上也大手筆,強打廣告知名度,除了大陸和臺灣市場,還計劃拓展包括印度等地的亞太市場。此外,為因應在頂埔高科技園區建立全球營運總部所需,計劃發行 6,000 萬美元海外無擔保轉換公司債 (ECB)。

　　大霸 2002 年手機出貨量約 260 萬支,自有品牌為 210 萬支。第三季起陸續推新款彩色手機並密集鋪貨,9 月集團合併營收達 26 億元,改寫歷史新高,因自有品牌比重提升,毛益率也提高。(工商時報 2003 年 10 月 16 日,第 8 版,李佩真)

(二)機海戰術

　　大霸從 2003 年下半年開始陸續推出多款彩屏手機,使出「機海戰術」,以每個月二至三款的速度推出新手機,配合拉大產品價格區間,並落實 DBTEL 和 Dbtel 雙品牌策略,帶動業績成長,自有品牌手機佔營收比重達 97.74%。9 月集團營收 26.07 億元,為連續第三個月創歷史新高,也使得第三季營收、獲利皆表現亮眼。

　　大霸第三季稅前盈餘 11.29 億元,由虧轉盈,每股稅前盈餘 1.69 元;前九月稅前盈餘 9.16 億元,每股稅前盈餘 1.37 元。

　　法人分析,由於中國信息產業部有意限制大陸貼牌手機數量,自 9 月起大舉查緝無內銷權的代工廠商,而大霸是唯一擁有內銷權的臺灣廠商,因此受惠。

　　而大霸的低價彩屏手機在大陸受到歡迎,出貨暢旺。據了解,大霸 8 月大陸市場手機出貨量 50 萬支,市佔率達 8.3%,已躍居大陸第四大手機供應商。

　　大霸更以大陸作為基地,從下半年起積極佈局臺灣通路,回攻臺灣市場,大霸的銷售區域還擴及香港、泰國、新加坡等地,有助於手機出貨加速成長。

　　大霸年初受到彩屏、內建數位相機手機推出速度較慢,以及大陸手機市場庫

存情況嚴重影響，上半年銷售落後。

從第三季起，新手機推出，帶動業績大幅躍升，7 月手機出貨量比 6 月成長七成，接近 40 萬支、8 月更突破 50 萬支，年目標 260 萬支。法人認為大霸 2003年全年手機出貨量可望挑戰 300 萬支。(經濟日報 2003 年 10 月 16 日，第 29 版，曾仁凱。)

⑶ 2004 年要做大陸手機第一名

2003 年 10 月 21 日，莫皓然表示，9 月在大陸銷售的迪比特手機市佔率已達11%，僅次於諾基亞，希望年底要做到大陸第一名，維持五年內追上諾基亞目標，但是莫皓然並未引述資料出處。

莫皓然 2002 年曾喊出「六年追上諾基亞」口號，一直仍朝此目標邁進。

大霸近來積極在全球手機市場佈局，在兩岸三地市場方面，藝人鄭秀文從 11月起正式為大霸產品代言，在手機內建鄭秀文圖片及歌曲鈴聲；大霸將在 2004 年格外注重亞太地區佈局，印度市場在 11 月舉行發表會，2004 年進軍菲律賓、印尼、紐澳市場銷售。

歐洲市場方面，大霸手機已開始在英、法、義大利等地區銷售，大霸贊助義大利足球隊，並且在手機內建義大利足球隊的相關圖片，吸引消費者購買。

莫皓然說，大霸在大陸市場已開始收成。2002 年大霸正式推出自有品牌迪比特，自牌手機銷售量約 212 萬支，2003 年前三季已達到 286 萬支。他說，9 月單月大陸市佔率已達 11%。

莫皓然指出，大霸並且積極佈建通路管道，至 10 月為止，大陸手機銷售員已達 3,600 人，大霸在大陸有 27 個分公司和 260 個銷售辦公室，擁有 540 個售後服務據點和 3.6 萬個零售據點，希望年底還能擴充到 4 萬個據點。

⑷ 財務績效佳

大霸電子結算 2003 年 10 月集團合併營收 22.07 億元，比去年同期的 8.54 億元大幅成長 158.42%；前十月合併營收 124.63 億元，也比去年同期的 59.24 億元成長一倍以上。

大霸 10 月手機銷售額 21.55 億元，比 9 月的 25.49 億元衰退 15%，主要因為

大陸十一長假前，9 月提前出貨所致。大霸前十月手機銷售額達 118.33 億元。根據台灣市場調查，大霸 9 月單月手機市佔率進入前十名，市佔率達到 3% 以上。

　　大霸公司營收 8.04 億元，比 2002 年同期 5.15 億元成長 56.02%，前十月營收 54.03 億元，則比去年同期的 43.57 億元成長 24%。(經濟日報 2003 年 11 月 10 日，第 29 版，陳雅蘭)

·充電小站·

科技小辭典：clone（非品牌組裝電腦）

　　clone 是指沒有品牌的組裝電腦，跟大家慣稱的自行組裝 (DIY) 電腦意義相同；只不過 clone 這個字比較為業界慣用，銷售 DIY 電腦的公司，通常被稱為 clone 業者。

　　clone 電腦的組成方式千變萬化，業者會依照消費者要求作不同組合；包括主機板、微處理器、記憶體、硬碟機、光碟機、監視器、鍵盤等等，消費者都可以自行決定，組合出來的電腦很可能是採用華碩主機板、英特爾微處理器、優派 (ViewSonic) 監視器、飛利浦光碟機，就像八國聯軍般。

問題討論

1. 由廣達電腦自創桌上型電腦鎩羽而歸的教訓，大霸電子是否適合推出自創品牌手機？

2. 當公司還在虧損、而且股本有限（40億元）時，大霸電子推出自創品牌的時機是否合宜？

3. 大霸電子自創品牌手機是否想拉大產量以超越經濟規模水準？難道不能多搶一些代工訂單嗎？

4. 大霸電子自創品牌手機是否以大陸為主要市場？公司有何競爭優勢？

5. 2002年1月31日報載摩托羅拉從大霸抽單，一下子一年最少減少300萬支手機訂單，那麼大霸2001年11月原訂1000～1500萬支的生產目標可能無法達成，試分析此事件之原因及影響。

蓋文的優柔寡斷害慘了摩托羅拉

美國摩托羅拉 (Motorola) 公司以無線通訊及半導體產品聞名，2001 年這一年來，摩托羅拉的市佔率、股票市值、公司獲利能力連連下跌。它原是行動電話的龍頭，1990 年全球市佔率五成，2000 年第四季只剩下 12.7%（二年內從 17% 下跌至此），勁敵諾基亞佔 34%（二年前才佔 27%），摩托羅拉只能坐老二位置，易利信和西門子分別以 8.7%、6.9% 位居第三、第四。股票市值縮水 72%，2001 年第一季，更創下十五年來第一次的虧損記錄；前九個月營收為 227 億美元，虧損高達 27 億美元；而 2000 年營收為 376 億美元。

一、 細說從頭

保羅‧蓋文 (Paul Galvin) 1928 年成立蓋文製造公司，由生產交流接收器起家，到 1930 年代後期，開始生產汽車音響，並把公司命名改為讓人聯想到動作和聲音的 Motorola。除了汽車音響外，當時摩托羅拉也生產消費性電子產品和警用通訊系統。

1959 年，保羅的兒子羅伯 (Robert Galvin) 接棒，他進一步把摩托羅拉壯大為全球通訊業重量級廠商，並在 1990 年功成身退。保羅的孫子克里斯多佛 (Christopher Galvin) 1973 年加入家族企業的行列，先後在不同部門接受各種磨練，1996 年 11 月升任董事長兼執行長。(經濟日報 2001 年 2 月 24 日，第 9 版，官如玉)

二、 蓋文側寫

1950 年出生的蓋文是許多人公認的好人，個性溫和，為人寬厚。他掌權後就認為應該完全放手，讓高階主管自由發揮。美國《商業週刊》最近幫蓋文打分數，除了遠見分數為 B 之外，他在管理、產品、創新都得了 C，對股東貢獻的分數更是 D。

摩托羅拉執行長蓋文（該公司提供）

三、摩托羅拉式微肇因於決策錯誤

2001 年 3 月，證券分析師指出，摩托羅拉會落得這步田地，完全都是營運決策錯誤肇禍。

這一切要追溯到蓋文接任開始說起，一開始他就低估數位科技發展的重要性，因而錯失發展無線通訊的良機。接著又誤入投資鉅計畫衛星電話數十億美元的歧途，此外又因為過度關注亞洲市場的競爭，反而讓以歐洲市場為主力的諾基亞從中坐大。

專家指出，未來摩托羅拉只有再度裁員、出售半導體廠甚至撤換蓋文，才能東山再起。(工商時報 2001 年 3 月 14 日，第 5 版，張秋康)

(一)產品缺乏競爭力

1990 年代中期，摩托羅拉錯失把行動電話由類比改成數位化的先機，如今落得產品線過於複雜、難於管理，因此未能迅速且合乎成本效益地生產消費者想要的行動電話。證券分析師說，諾基亞的電話只有一些基本構造，螢幕、電池及一些晶片等零件均能相容共用。相形之下，摩托羅拉同時生產許多不同機型，彼此的零件很少重複，幾乎不可能達到諾基亞享有的降低成本規模。

美國行動電話業者 Cingular 無線公司說，諾基亞的電話佔優勢；在史普林特 PCS 集團的經銷處，經常陳列南韓三星公司的電話，因為消費者說，摩托羅拉的設計略遜一籌，而且售價多在 200 美元以上，超過大多數人的負擔意願。最大的挑戰是發展一種能媲美諾基亞的製程，為此，摩托羅拉把機型減至不到六種，並能共用鍵盤等零件。

電話部策略主管索德柏格 (Leif G. Soderberg) 說，在 2001 年中以前，摩托羅拉應會以較低的成本，提前自動化量產手機，「我們會生產樣式少但能暢銷的產品」。(經濟日報 2001 年 1 月 17 日，第 9 版，林聰毅)

(二)企業界的哈姆雷特

從上任以來，蓋文一直在奮力脫困。證券分析師說，最大的問題在於他的哈

姆雷特式的優柔寡斷和無為而治的管理風格，而高科技業講究速度和服眾。蓋文花了數年才覓得負責替他掌管最大的無線電話事業主管，他則坐視轄下的眾主管讓成本失控，失信於顧客；他讓競爭對手坐大，從行動電話到最新微處理器，市場一一淪陷。而且，當機會來了，應該賣出營運不佳的事業時，他卻又慢條斯理，平白賠了錢，同時也打擊員工士氣。「從 1997 年迄今，他每件事都押錯，」芝加哥大學商學研究所企業策略學教授夏蘭格說：「他的雷達螢幕很糟。」

雖然公司的車用晶片領先市場，卻是個成長緩慢的事業；且也未能在個人電腦用和無線設備用晶片方面，鋒頭勝過英特爾公司和德州儀器公司。此外，他對投資銥公司衛星通訊事業虧損數千萬美元未置一詞，也使得他信用破產。(經濟日報2001 年 7 月 28 日，第 9 版，王永健)

(三)換廣告公司也舉棋不定

拖延決策，不肯解決問題，是蓋文最被批評的弱點。1999 年秋天，才剛從耐吉 (Nike) 公司挖角來的行銷主管佛洛斯特 (Geoffrey Frost) 希望摩托羅拉能有傑出動人的廣告攻勢。由於麥肯一艾瑞克森 (McCann-Erickson) 國際公司缺乏創意，因此他向蓋文建議，換掉表現不好的廣告代理商麥肯廣告。但由於麥肯老闆是蓋文的好朋友，蓋文遲疑很久，表示應該再給對方一次機會。結果麥肯後來持續表現不佳，最後蓋文才同意撤換，但時間已拖了一年。

佛洛斯特曾經在耐吉公司負責行銷，耐吉執行長奈特 (Philip Knight) 的作風以明快果決取勝。當奈特被告知他的同窗好友經營的廣告公司表現不佳，必須換掉，他第一個反應是：「你搞什麼拖了那麼久（才說)？」

(四)銥計畫也是大錢坑

蓋文優柔寡斷的作風，在摩托羅拉失敗的衛星通訊銥計畫上，最為突顯。銥公司的夢想起自 1980 年代，由他的父親羅伯·蓋文主導。銥計畫以最簡單的話來解釋，就是把地面站放到天上去，以衛星做地面站，傳輸所有的訊號。衛星環繞在整個地球的表面，它是無所不到的。但銥計畫推出後，收訊效果並不理想，用戶也不多，通話費一分鐘 20 幾塊美元，手機又很大，這種情況下市場不可能成長太快。銥計畫一年虧損 2 億美元，但蓋文卻遲遲沒有叫停，還美其名稱為重整。

㈤放手變成放任

蓋文放手管理哲學也許是對的，但問題出在他對公司真正的狀況並不了解。公司曾經公開宣佈，要在 2000 年賣出 1 億支行動電話，卻沒有達到目標。然而，員工幾個月前就知道目標無法達成，只有蓋文還在狀況外。

他一邊放手，但是公司沒有朝向活潑、精力充沛的組織前進，卻變成一個龐大的官僚體系。公司原有六個事業部，由各經理人負責盈虧。由於科技聚合，每個產品界限已分不清楚，於是摩托羅拉進行改組，把所有事業結合在一個大傘下。結果是，整個組織增加了層級，反而變成一個大金字塔。

蓋文放手太過，沒有掌握公司真正的經營狀況。他一個月才跟高階主管開一次會，在寫給員工的電子郵件中，談的盡是如何平衡工作和生活。

就算他知道情況不對，也不願干涉太多，以免部屬難堪。1999 年初，摩托羅拉準備推出一款叫「鯊魚」的手機。在討論到進軍歐洲的計畫時，蓋文知道歐洲人喜歡輕巧、簡單的機型，而鯊魚價格跟對手一樣，但卻比較厚重。會議中，蓋文問：「市場資料真的支持這個決定嗎?」行銷主管回答：「是。」蓋文沒有進一步討論，就讓管理者推出這款手機，結果在歐洲市場節節敗退。

在瞬息萬變的科技市場，公司犯下一個錯誤，就會讓競爭者如鯊魚聞到血腥一樣，立刻聚攏過來，摩托羅拉的市佔率也就一路下跌。

四、關廠、裁員、外包三部曲

為了整頓業務，摩托羅拉也連連出招。早在 1998 年，摩托羅拉就曾大力整頓晶片事業群，把全球員工由 5.1 萬減為 3.5 萬人。

員工總數高達 13 萬人的摩托羅拉，正致力削減成本，以因應行動電話銷路不如預期。把一些產品改為外包生產，也是關廠裁員的理由之一。2001 年 1 月 15 日宣佈，6 月 30 日裁員約 2,500 人、關閉伊利諾州的一處工廠。(經濟日報 2001 年 1 月 17 日，第 9 版，王寵)

由表 7-1 可見該公司的裁員記錄。

表 7-1　摩托羅拉的裁員記錄

事業群 ＼ 日　期	1998 年	2000 年	2001 年 1 月	2 月
半導體	17,000 人			4,000 人
個人通訊 (呼叫器、行動 電話和其他)			2,500 人 (全年約 12,000 人)	

五、回首太晚？

　　一直到 2001 年年初，蓋文意識到問題嚴重，擔心摩托羅拉的光輝可能就要斷送在他的手上。他開除了營運長，進行組織重整，讓六個事業部直接向他報告。他開始每週跟高階主管開會。蓋文改變自己「好人、放手」的作風，企圖力挽狂瀾。(EMBA 世界經理文摘 2001 年 8 月，第 16 ～ 18 頁)

六、換人做做看？

　　摩托羅拉的員工質疑蓋文的領導能力，某些現任和離職主管也認為他應放棄執行長之職，當個有見地的董事長就好，著重在遠見和策略方面，讓公司能有更大的創意，維護摩托羅拉的價值尊嚴。

　　2001 年 10 月 21 日，美國《紐約時報》報導，華爾街傳言如果摩托羅拉無法在 2002 年轉虧為盈，布林 (Edward D. Breen) 將取代蓋文成為執行長。(經濟日報 2001 年 10 月 22 日，第 9 版，黃哲寬) 果不其然，2002 年 1 月 1 日，布林由執行副總裁升任總裁兼營運長。

七、下臺一鞠躬

　　2003 年 9 月 18 日，由於任內公司業績表現不佳，蓋文宣佈退休。蓋文指出，

表 7-2　蓋文小檔案

生　日	1950 年出生，摩托羅拉創辦人保羅之孫。
學　歷	西北大學凱洛格管理研究所企管碩士。
經　歷	1973 年進入摩托羅拉，在通訊部任業務及產品管理職務。 1983 年成為摩托羅拉旗下 Tegal 公司副總裁。 1985 年擔任通訊部傳呼事業總經理。 1987 年任公司副總裁。 1988 年獲選為摩托羅拉董事。 1990 年升任執行副總裁。 1993 年升任總裁兼營運長。 1997 年 1 月任執行長。 1999 年 6 月任董事長。

他跟董事會對公司未來看法不同，因而選擇離去。但是在找到接任人選以前，他仍會繼續目前的工作。

業界觀察家指出，公司業績滑落早令董事會和投資人對蓋文頗有微詞，而蓋文在沒有選定繼任人選就毅然宣佈退休的作法，更進一步凸顯蓋文跟公司董事會之間難以化解的矛盾。(工商時報 2003 年 9 月 21 日，第 5 版，林秀津)

在他擔任執行長期間，摩托羅拉丟掉行動電話製造龍頭寶座，被諾基亞公司(Nokia) 後來居上。現為全球第二大手機廠的摩托羅拉，2003 年第二季市值掉到 2000 年以來最低點。蓋文同意辭職後，摩托羅拉股價應聲大漲（詳見圖 7-1）。

受蓋文同意辭職的利多激勵，摩托羅拉股價 19 日在紐約股市收盤後交易大漲 6%，從收盤價 11.09 美元漲為 11.70 美元。(經濟日報 2003 年 9 月 21 日，第 5 版)

Thrivent 財務公司分析師柯勞斯 (John Krause) 說：「蓋文跟諾基亞等對手的執行長不一樣，現狀對他而言似乎不痛不癢。」他說，蓋文是摩托羅拉家族的第三代子孫，「也許隔得太遠了」（註：頗有富不過三代的涵意）。Thrivent 公司管理 600 億美元資產，持有摩托羅拉股票 320 萬股。

蓋文接任執行長後的頭幾年都在削減成本，而對手諾基亞卻不斷推出多功能的新型手機。在 2001 ～ 2002 年裁撤三分之一以上的人力，並且大量汰換公司高階主管。然而，在業績仍無太大起色的壓力下，公司董事會在 2001 年凍結蓋文的年度紅利，並且連續三年都未替他加薪。在他任內，摩托羅拉裁員 6 萬人，虧損 40 億美元，股價下跌 46%（他上任時股價 20 美元）。

圖 7-1　摩托羅拉股價走勢圖

單位：美元/股

諾基亞抓住對手營運不佳的機會努力衝刺，2003 年第二季搶下 36% 的市場佔有率，比摩托羅拉的 14.6% 高出一倍多。1996 年摩托羅拉全球市佔率 26%，諾基亞為 20%。2003 年上半年，諾基亞共推出 15 款新手機，遙遙領先摩托羅拉的兩款，凸顯兩者差距之大。摩托羅拉有意加快研發腳步，在 2003 年第三季推出 15 款新行動電話，其中 14 款配備彩色螢幕，8 款內建相機，第四季推出 16 款新手機。

八、財務績效

㈠債信評等降級

2003 年 10 月 10 日，穆迪投資服務公司基於同業競爭可能打擊摩托羅拉公司營收成長，調降該公司次級債券評等到低於投資等級的垃圾債券等級，由 Baa3 降為 Ba1，無擔保優先償還債券評等由 Baa2 降為 Baa3，只比垃圾債券高一級，這項調降影響摩托羅拉約 80 億美元債務和特別證券。

穆迪指出，摩托羅拉的全球手機市場佔有率由 1997 年的 30% 降為 2003 年 6 月的 15% 後，使勁提振營收和改善獲利率；而且在執行長蓋文於 9 月請辭後，摩托羅拉可能調整策略。

坎貝爾資產管理公司董事長坎貝爾說：「此一債券評等調降會造成摩托羅拉借貸成本稍為提高，但是摩托羅拉計畫中的半導體單位出售可降低負債，我認為摩托羅拉評等終會調升。」

穆迪表示：「營收成長和獲利率重回合理水準，對摩托羅拉仍是一項挑戰，促使我們調降評等。」穆迪 7 月表示，可能調降摩托羅拉評等，以反映多數單位營收和獲利展望轉淡。

摩托羅拉發言人巴克表示，公司對穆迪調降行動不滿，「我們的資產負債表已大幅改善。」

亞洲需求萎縮造成摩托羅拉第二季營收下滑 10%，成為 61.6 億美元，獲利 1.19 億美元。該公司主要市場大陸表現不如預期。大陸總部因為員工感染嚴重急性呼吸道症候群 (SARS) 而於 5 月關閉兩週，當地競爭對手也慢慢搶走顧客。

穆迪表示，摩托羅拉大陸手機市場主宰地位遭到挑戰，部分歸因於第二季發生的 SARS 疫情，更重要的是，大陸本土製造商最近推出較多新機型，市佔率頗有斬獲，摩托羅拉大陸手機市佔率由 2002 年近 30% 降為略高於 20%。(經濟日報 2003 年 10 月 12 日，第 15 版，官如玉)

㈡獲利出乎意料的好

2003 年 10 月 13 日，摩托羅拉公司 (Motorola) 提前一天發佈優於預期的最新財報，第三季純益每股 5 美分，2002 年同季的銷售為 65.3 億美元，純益有 1.11 億美元（每股 5 美分），預估第四季的獲利為每股 8～12 美分，營收 75～78 億美元之間。摩托羅拉 7 月曾預測第三季可能損益兩平，或是每股純益 2 美分，銷售在 63～65 億美元，約比 2002 年同期減少 4%。

摩托羅拉表示，提前一天發佈財報的原因是穆迪投資服務公司 (Moody's Investors Services)10 月 10 日把該公司的次級債券評等降為低於投資等級。

摩托羅拉的手機部門營收成長 7.7%，也優於先前預期，將可平息股市對其手機部門成長的疑慮。Blaylock 夥伴公司分析師布雷克說：「他們的手機事業展現罕見的實力。」

摩托羅拉計畫讓半導體部門自立門戶，以挪出資金投資行動電話事業。(經濟

日報 2003 年 10 月 14 日,第 9 版,林聰毅)

九、大改革:聚焦產品設計

摩托羅拉主管 2003 年初接受一場震撼教育,九名年紀從 18 歲至 24 歲不等的學生坐飛機到芝加哥總部,對摩托羅拉的手機產品狠狠地品頭論足一番。一名年輕的小伙子對在場的 240 位高階主管說:「摩托羅拉的問題出在不是三星手機對手。」立即引起現場一片嘩然。另一位學生說:「這是水管工人或建築工人使用的產品。」

這些學生真是一語驚醒夢中人,如同晴天霹靂般地迫使摩托羅拉調整定焦,重新把重點擺在產品設計上。這正是該公司商標長佛洛斯特 (Geoffrey Frost) 每日念茲在茲之事。

佛洛斯特是摩托羅拉從耐吉公司 (Nike) 挖角來的主管,他在那家自 1928 年成立的公司花了四年淬煉行銷技術。佛洛斯特在耐吉的傑作包括名噪一時的電視廣告籃球傳奇人物麥可‧喬丹 (Michael Jordan) 的「視覺靜止的剎那」(Frozen Moment) 以及高爾夫球名將老虎伍茲的「向世界說哈囉!」(Hello World)。

(一)廣告改革

佛洛斯特新官上任後的第一把火就是更換廣告公司,把摩托羅拉每年 4 億美元的廣告預算交給製作過許多令人耳目一新且別出心裁廣告的奧美廣告公司 (Ogilvy & Mather Worldwide)。

2003 年,佛洛斯特不斷跟客戶洽商,一方面加強產品設計,另一方面和其他公司組成策略聯盟。這些發展對摩托羅拉雖然不是驚天動地,卻是新鮮無比。該公司曾經發明過一些偉大產品,從第一顆 16 位元和 32 位元晶片到行動電話等,可惜後來眼睜睜地看著英特爾、諾基亞等腦筋動得快的公司,奪取領先地位。摩托羅拉最近常掛在嘴邊的一句口號是:「絕不重蹈覆轍!」

也許這次是玩真的,不再是「狼來了」! 摩托羅拉預估 2003 年度將有 260 億美元營收和 14.5 億美元營利,手機分別佔 40% 和 60%。壞消息是營收比 2002 年

度少 6 億美元，第二大事業體微晶片部門佔營收 20%，但是獲利僅佔 4%。行動電話產業每年銷售約 4.4 億支。

在佛洛斯特狹窄的辦公室外頭，牆壁已被拆除，目的是要激勵員工集思廣益，明亮水色且鮮艷的摩托羅拉廣告裝飾著從前是漆成白色的辦公室，經理人驕傲地散發由佛洛斯特本人設計、四角成弧形的亮彩名片，言談間並不時以摩托羅拉的新式產品為榮。

㈡手機出奇

佛洛斯特最重大的改革是使摩托羅拉敞開胸襟、迎接外面世界，傾聽客戶的心聲、善用一些設計、生產以及銷售手機的新方法。他說，避免商品化之道就是跟通訊營運商結盟，推出各種具有特色的手機。摩托羅拉正在修改 30 多種新款高價手機，並且配備多種功能，包括內建相機、彩色螢幕、播放 MP3 音樂、FM 無線頻道、導航、餐廳指南、購物連線、鈴聲，以及相片交換等。

消費者在這些服務上花費愈多，電信營運商就愈肯花錢促銷摩托羅拉手機。佛洛斯特說：「我們需要發展攻擊策略。」這也是他推動與全球第四大行動電話營運商法國電信旗下 Orange 締約的原因。光是 Orange 一家電信公司就將使用摩托羅拉兩款新手機，摩托羅拉公司希望今秋能與伏得風公司 (Vodafone) 宣佈類似的合約。

這些交易可使摩托羅拉在歐洲多賣 200 ～ 250 萬支手機。該公司在歐洲的年銷售量平均為 720 萬支，疲軟的市佔率將提高兩個百分點至 8%，營收增加 3.6 億美元，盈餘增加 1,800 萬美元。

㈢會不會太早有先見之明？

2003 年 9 月 15 日摩托羅拉跟微軟公司宣佈結盟，準備共同研發智慧型行動電話，滿足網友需求，新手機將採用 Windows Mobile 軟體為溝通平臺。

根據協議，雙方第一個合作產品是摩托羅拉 MPx200 手機，訂 2003 年第四季在美國推出，售價不知。摩托羅拉希望靠智慧型手機扳倒業界龍頭諾基亞公司，微軟則有意藉此擴大上網聯結服務，進一步搶攻手機軟體市場。

　　微軟產品行銷部主管豪恩 (Andy Haon) 宣稱，跟摩托羅拉合作是微軟重要里程碑，這項策略聯盟使摩托羅拉的手機設計專長跟微軟的軟體功力得以結合。

　　摩托羅拉 MPx200 手機是專為日理萬機的企業主管所設計，除了收發電子郵件訊息更簡便外，也具有手機和電腦同步化的功能。這是摩托羅拉首次採用微軟的手機軟體，摩托羅拉的作業軟體支援廠商包括 Linux 和辛比恩公司 (Symbian)。

　　智慧型電話結合手機和掌上型電腦的功能，只在少數國家販售，美國地區的用戶也不多，2003 年全球賣出的 4.5 億支手機中，智慧型手機佔不到 1,000 萬支。但是顧能公司預測，隨著企業不斷推陳出新，智慧型手機銷售可望倍增，2007 年時可能成長六或七倍。

　　木星研究公司分析師賈騰柏格 (Michael Gartenberg) 指出，現在開始科技競賽會趨於白熱化，不同的手機製造商和平臺供應商將會卯足全勁來擄獲消費者的芳心，智慧型手機市場還沒有贏家出現。

　　分析師認為，摩托羅拉透過跟微軟合作來搶攻企業客戶市場，並且跟諾基亞做出區隔，但是微軟能否就此在新市場佔有一席之地，卻不無疑問，微軟如果想擊敗領先的辛比恩，還有很長的路要走。(經濟日報 2003 年 9 月 16 日, 第 9 版, 郭瑋瑋)

問題討論

1. 如何從決策來判斷經營者優柔寡斷？

2. 蓋文錯在哪裡？太放任還是找錯人？

3. 諾基亞憑藉什麼由原來一家木材廠，在短短二十年之內便超越摩托羅拉？

4. 如果你是蓋文，你會何時停止銥計畫？

5. 如何救摩托羅拉公司？

第七章之二

華碩電腦轉型——薩爾「行動慣性」架構的運用

1996 年 11 月 14 日股票上市的華碩，股價曾在 1997 年漲到 890 元，成為「股王」，但是在 2002 年竟然跌破百元，可說從天堂跌到地面。究竟發生什麼事？沒風沒雨倒大樹？

在本個案中，我們將套用美國哈佛大學教授薩爾 (Donald N. Sull) 的行動慣性（教科書中二次談及），來說明華碩如何走出「科技夢魘」!

一、　先從結果看起

華碩 2002 年全球合併營收 1,147 億元，獲利 100.28 億元，創公司成立 (1990 年 4 月) 以來首次獲利衰退，而且每股純益在一線主機板廠中敬陪末座（詳見表 7–3）。

表 7–3　四大主機板廠營運情況

	華　碩*	精　英	微　星	技　嘉
董事長	施崇棠	蔣東濬	徐　祥	葉培城
資本額（億元）	199.89	43.15	55.56	54.94
2002 年營收（億元）	1,147	648.88	565.21	299.83
2002 年每股純益（元）	5.02	6.76	6.03	5.25
2003 年前五月營收（億元）	580.12	258.91	260.39	129.35
2003 年首季每股純益（元）	1.67	0.77	2.13	2.21
2003 年主機板出貨量預估（萬片）	3,000	1,800	1,500	1,400
多角化佈局	光碟機、繪圖卡、筆記型電腦、PDA、網通、PC 系統／準系統、手機、遊戲機等	行動 PC、筆記型電腦、繪圖卡、PC 準系統	繪圖卡、光碟機、網通產品、PC 準系統、筆記型電腦	繪圖卡、光碟機、網通產品、LCD 監視器、筆記型電腦、PC 系統／準系統
11 月 3 日收盤價（元）	81	33.40	58.50	65

*華碩為合併營收。

二、原因出在哪?

華碩衰退的真相是：過去成功的模式（詳見圖 7-2 最下部分），包括典型的工程師企業文化，以及向來引以為傲高定價、高毛益的產品定位，在如今的環境下必須調整，詳見圖最上部；本段說明圖中段部分，即行動慣性部分。

㈠死守高價位主機板

2002 年第二季，華碩獲利最大來源的主機板自有品牌通路市場首先被擊破，向來定價低 10 ～ 15% 的競爭對手技嘉、微星為刺激銷量，陡然實行降價策略，類似規格的產品，比華碩便宜約一半，華碩反應不及，「量掉得一塌糊塗，」華碩主管透露。

到底應該跟著降價，還是堅持第一品牌的高價、高毛益定位？華碩內部爭議不斷。反對降價派認為，產業價格過去一直是由華碩帶頭，降價可能導致主機板價格崩盤。

然而副董事長童子賢也提出「不要再迷戀高毛益」的思考，「過去那種高毛益，已經是小而美的公司獨享的福利。不能老想著我小學時多麼幸福快樂，這樣永遠不能念大學，永遠不會成長。」

從 5 月持續到 11 月不斷的辯證、掙扎，施崇棠終於豁然開朗，宣佈「巨獅策略」，決定不再固守高價、高毛益，同時揮軍低階市場。

是什麼讓他「參透」？

施崇棠把各行各業表現優異、歷經考驗的企業列出，他發現這些企業都有個共通點，就是不但擁有最好的地位，同時市佔率又大。

施崇棠推演出巨獅策略，「必須『巨』與『獅』兼具，」他解釋，「『獅』是食物鏈的最上一環，在 3C 產品的叢林裡，地位很重要，這和你技術、品質是不是領先有關。華碩在許多產品已經是『獅』，但是這還不夠，同時要『巨』，代表市佔率夠大。」

圖 7-2　華碩轉型三部曲

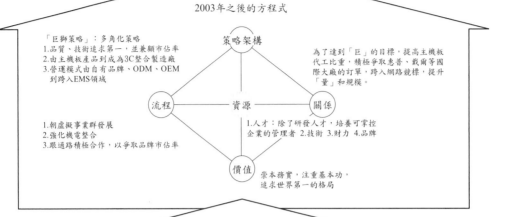

2003年之後的方程式

「巨獅策略」：多角化策略
1.品質、技術追求第一，並兼顧市佔率
2.由主機板產品到成為3C整合製造廠
3.營運模式由自有品牌、ODM、OEM
　到跨入EMS領域

為了達到「巨」的目標，提高主機板
代工比重，積極爭取惠普、戴爾等國
際大廠的訂單，跨入網路競標，提升
「量」和規模。

策略架構

流程　　資源　　關係

價值

1.朝虛擬事業群發展
2.強化機電整合
3.跟通路積極合作，以爭取品牌市佔率

1.人才：除了研發人才，培養可掌控
　企業的管理者 2.技術 3.財力 4.品牌

崇本務實，注重基本功，
追求世界第一的格局

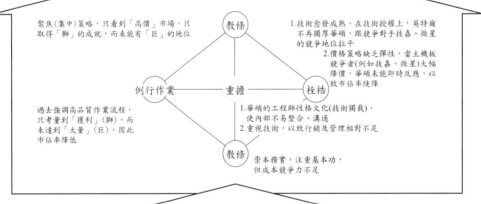

2002年的行動慣性陷阱

聚焦(集中)策略，只看到「高價」市場，只
取得「獅」的成就，而未能有「巨」的地位

1.技術愈發成熟，在技術授權上，英特爾
　不再獨厚華碩，跟競爭對手技嘉、微星
　的競爭地位拉平
　　2.價格策略缺乏彈性，當主機板
　　競爭者(例如技嘉、微星)大幅
　　降價，華碩未能即時反應，以
　　致市佔率陡降

教條

例行作業　　重擔　　桎梏

教條

過去強調高品質作業流程，
只考量到「獲利」(獅)，而
未達到「大量」(巨)，因此
市佔率降低

1.華碩的工程師性格文化(技術獨裁)，
　使內部不易整合、溝通
2.重視技術，以致行銷及管理相對不足

崇本務實，注重基本功，
但成本競爭力不足

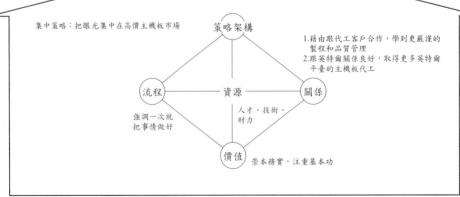

2002年之前成功方程式

集中策略：把眼光集中在高價主機板市場

策略架構

1.藉由跟代工客戶合作，學到更嚴謹的
　製程和品質管理
2.跟英特爾關係良好，取得更多英特爾
　平臺的主機板代工

流程　　資源　　關係

價值

強調一次就
把事情做好

人才、技術、
財力

崇本務實，注重基本功

資料來源：《天下雜誌》，2003 年 8 月 15 日，第 159 頁表三。

㈡我比客戶更懂技術

2002 年初，華碩由主機板廠，跨進日本新力公司的電玩產品 PS2 專業代工領域，但是專業代工最需要的「機電整合」人才，以及強調紀律、制度的文化，都是過去擅長電子領域、追求彈性、創意的華碩所欠缺的。甚至，十年前讓華碩快速崛起的典型工程師企業文化，「在這個戰場卻可能成為瓶頸，」華碩副董事長童子賢語出驚人。

華碩的機械工程主管是典型工程師性格，對設計充滿狂熱，但是對組織和必須瞻前顧後的流程不太重視，導致量產頻頻發生問題。2 月，爆發大事，一位工程師擅自修改客戶設計，客戶氣得當著童子賢的面把東西摔在地上，剛下飛機不到兩小時就決定折返日本。

「沒看過這麼不嚴謹的程序，」客戶憤怒地說，「怎麼可以未經同意，擅改設計圖?」

童子賢事後檢討，「這就是工程師性格。」工程師認為，改了這條線路，在射出成形時會比較順利，「他覺得我主動替客戶解決問題，客戶應該很高興、給我獎勵啊? 但是客戶重視的是紀律。」

這場震撼教育給華碩當頭棒喝，在可能失掉客戶，更賠上商譽的危機下，施崇棠從美國趕回來，跟研發副總經理沈振來飛往日本道歉，並且誠心請教流程。接著，施崇棠和童子賢用手機在香港機場「攔截人」，要求原本飛回臺灣的主管在香港轉機時直接改道蘇州，同時也動員了超過兩百名工程師，回工廠待命。

而那天正是小年夜，因此九天年假全部泡湯，逕赴蘇州或留守臺北進廠「蹲點」苦戰。

同時，施崇棠、童子賢又分頭打電話拜託協力廠「不要過年」，結果包括塑膠、印刷和模具等二十幾家協力廠，真的沒有過年，跟華碩人一起解決問題。

「幾乎不眠不休兩、三個月，」童子賢微笑說。結果客戶從摔板子、不滿意，到第二個月慢慢改觀、覺得可以接受，第三個月終於同意量產。(天下雜誌 2003 年 8 月 15 日，第 158、160 頁)

三、策　略

　　很愛看書的施崇棠，不僅在電磁電子原理讀得嚇嚇叫，在對內談起經營理念時，也練就一套深入淺出的講解方式，話不多，但是卻能把華碩未來的目標明確的呈現給上萬名員工知道。除了一般熟知的巨獅和銀豹策略外，還有講求企業因應變化的常山之蛇，跟要求產品不斷更新的生魚片策略(指產品開發要交疊進行)；外人聽華碩人開會說的話，還以為在參觀動物園。(工商時報 2003 年 7 月 24 日，第 3 版，曠文琪)

　　2003 年 10 月 8 日，施崇棠以「Enrich your life ── IT 產業就業趨勢」主題，在臺灣大學電機系一項徵才活動中發表演說。施崇棠告訴在場的臺大學子，全球化趨勢下，企業競爭愈來愈激烈，企業之間競爭的情況殘忍而現實，「就像一個非洲大草原」中的動物互相較量。(經濟日報 2003 年 10 月 7 日，第 2 版，林貞美)

(一)巨獅策略

1.森林之王 ── 獅子

　　巨代表市佔率，獅代表地位 (獲利)；過去華碩站在制高點，就像獅一般，只

表 7-4　施崇棠的動物經營學

推出時間	意　涵	應用代表 (2003 年)	目　標
2002.11 巨獅策略	不能只要求站在獅子的制高點，還要有「巨」，也就是絕對市佔率的規模	分別挑戰主機板 3,000 萬片與光碟機千萬臺	在臺灣，光碟機打進前三大，PDA 打進第二名、繪圖卡打進第一名 (800 萬片)；在全球，無線寬頻產品打進前三大
2002 銀豹策略	要用最好的技術能力與靈活市場策略突出	筆記型電腦以技術稱霸臺灣第一，出貨目標 250 萬臺	在臺灣，2003 年第一季 NB 已是銷售第 1 名，市佔率 27%，NB 上半年出貨 50 萬臺
2002 常山之蛇	強調高低階產品線兼具，以迎戰甚至包抄對手	成立副品牌華擎，發展低階主機板產品線	－
2003 生魚片策略	強調產品要不斷推陳出新，提高附加價值	－	－
2003.8 金鵝計畫	為了提升利潤，而進行全方位的節流	－	－

固守高階市場，現在則要向巨的方向前進。

施崇棠說，華碩積極培養各領域產品線的小巨獅，希望匯集小巨獅的力量，成就華碩這個大巨獅，華碩最終的目標只有一個，「就是要贏」。(經濟日報 2003 年 6 月 18 日，第 3 版，林信昌)

2. 在產品方面的涵意

施崇棠強調，華碩有品牌優勢，不會放棄任何一個市場區塊，就像英特爾和三星電子，要取得絕對的市佔率，不會因為這是低價市場而放棄。他坦承：「過去華碩只看到高價市場，而幾乎被對手趕上，這是我的錯！」在巨獅策略下，華碩已從以往強調獲利，轉而以追求市佔率為先。

他強調，微利時代來臨，華碩多角化佈局中的這些小獅必須趕快長大，才不會被其他獅子吃掉，華碩要在 OEM、ODM 代工業務和品牌齊頭並進。而一旦市佔率擴張後，華碩未來可以降低採購成本和運作費用，並且達到資源整合的最大優勢，屆時，獲利也可再提升，追求「巨」的最終目標是要造就「獅」。(工商時報 2003 年 7 月 24 日，第 3 版，曠文琪)

他表示，在全球化的舞臺上，第一名比第二名超出甚多的例子比比皆是，例如英特爾、戴爾、三星、諾基亞和可口可樂等，因此對華碩來說，成為市場上的第一名，是很重要的。(經濟日報 2003 年 10 月 7 日，第 2 版，林貞美)

3. 代　工

為了快速擴大市場，華碩提高代工出貨比重，奪得戴爾、惠普、英特爾的代工訂單，一舉把主機板出貨量推向高峰，2003 年 3 月主機板出貨達 185 萬片，6 月份單月出貨量更達到 210 萬片，創下新高。

4. 自有品牌

2002 年，華碩成立第二品牌華擎公司 (Asrock)，由華碩創辦人之一的徐世昌擔任董事長。徐世昌表示，華擎將以大陸和南美等低價市場為主要標的，9 月起推出更具價格競爭力的產品，將提升華碩市佔率，華擎同時進軍主機板和繪圖卡市場。(工商時報 2002 年 7 月 6 日，第 4 版，曠文琪)

2003 年 3 月，華擎出貨已達 32 萬片，位居二線廠之首，足見其耕耘低價市場奏效。

5.生產方式

華擎約五到六成的出貨量由華碩代工，其餘皆由華擎視成本需要，在大陸華南區自行找廠下單。

6.奪 標

2003 年華碩擠下全球第一大主機板公司鑫明集團（鑫明加上精英），登上出貨金額冠軍寶座。根據資策會市場情報中心 (MIC) 統計，2002 年臺灣主機板業出貨第一名為精英，其次為華碩、微星、鴻海和技嘉（詳見表 7-5）。2003 年 1～8 月情勢出現轉變，華碩出貨量 1,649 萬片，比精英多 545 萬片；華碩奪回冠軍寶座。

華碩主機板月產能單月已有 220 萬片水準，可支援每季 500 萬片的出貨目標，以上半年四比六的出貨比例推算，加上 2003 年投資人普遍對下半年態度樂觀，華碩全年要衝破 2,500 萬片，絕非難事。

主機板業前三季出貨量出爐，華碩在前八月主機板出貨量創下 1,649 萬片水準後，法人預估，其 9 月出貨量將衝破 300 萬片關卡。在前三季幾乎創下 2,000 萬片規模後，華碩可望順利完成 2,500 萬片的全年目標，該公司的巨獅策略已明確奏效。

臺灣主機板業在 2003 年出現極大的版圖變動，從前三季數字看來，華碩已遠遠甩開精英，雙方差距已高達 650 萬片。另一個顯著的變化在於，前八個月微星主機板出貨量微幅超越精英。

華碩 2002 年推出副品牌華擎，並在 2003 年第二季推出 X 系列主機板，走低價路線，讓其主機板出貨量屢創新高。華碩 2003 年年初將主機板出貨目標設定在

表 7-5 一線主機板廠出貨排名

單位：萬片

排 名	公 司	2002 年出貨量	公 司	2003 年出貨預估	1～8 月出貨
1	精 英	1,800	華 碩	3,000 以上	1,010
2	華 碩	1,780	精 英	2,400	1,649
3	微 星	1,250～1,300	微 星	1,500	1,030
4	技 嘉	1,150～1,200	技 嘉	1,500	830

資料來源：各公司。2003 年 1～8 月出貨量來自《工商時報》，2003 年 10 月 2 日，第 3 版，曠文琪。

2,500 萬片以上，一度被市場視為幾乎是不可能的任務，不過經過九個月的積極拓展，華碩全年要超越年初所設目標，已是輕而易舉。

　　華碩主機板出貨的亮麗表現，並不代表主機板產業整體有跳躍性成長，其以低價侵蝕同業的意義更大，技嘉執行副總經理馬孟明就公開呼籲，以臺灣超過全球九成的主機板市佔率，對手（華碩）根本不需要掀起這麼激烈的價格戰，破壞市場秩序。

　　華碩副總曾鏘聲表示，華碩僅是把主機板產品區隔更明確化，符合各個市場需求，其低價的 X 系列產品，僅佔其出貨量的一成多，比重十分穩定。而施崇棠的規劃，在以巨獅策略承供擴大市佔率後，下一步華碩推行的金鵝計畫，要讓華碩更具成本競爭力。另外三家主機板大廠，短期內的毛益壓力，恐怕只增不減。（工商時報 2003 年 10 月 2 日，第 3 版，曠文琪）

㈡銀豹策略

1. 飛奔如豹

　　豹的長處在於活動靈活。

2. 在產品的涵意

　　筆記型電腦和伺服器等產品以銀豹策略發展，也就是希望產品設計可以最新，推出時間可以最敏捷，而且是針對特定區域發展。（工商時報 2003 年 7 月 24 日，第 3 版，曠文琪、胡釗維）

　　有別於主機板的巨獅策略，在筆記型電腦市場、口袋型個人電腦市場則進行「銀豹」策略，以質取勝。在筆記型電腦方面，華碩則以獲利為先，自有品牌和代工比重各半，對 2003 年 160 萬臺以上的目標信心滿滿。投資人更預估，在承接蘋果和三星等大型電腦公司代工訂單後，華碩全年有機會上看 200 萬臺。

3. 電腦代工

　　華碩多年來穩紮穩打，堅持產品製造品質，獲得大型電腦公司認同，跟新力在筆記型電腦建立密切合作關係後，華碩代工三星電子首款採用英特爾迅馳平臺的筆記型電腦。

⑴ M3N 系列筆記型電腦

2003 年 4 月 22 日，華碩發表英特爾迅馳平臺筆記型電腦 M3N 系列。

⑵掌上型電腦 (Pocket PC)

2003 年 4 月 30 日，美國 Palm 揮軍全球個人數位助理 (PDA) 市場，首度跟英特爾攜手結盟。Palm 推出首款採用英特爾 XScale 處理器的 PDA——Tungsten C，由華碩代工。(經濟日報 2003 年 5 月 1 日，第 19 版，林信昌等)

4.自有品牌電腦

⑴2002 年臺灣第一

在臺灣筆記型電腦市場，華碩算是新兵，經過四、五年耕耘，華碩 2002 年在臺灣銷售品牌筆記型電腦 8 萬多臺，在營收方面已超越宏碁，成為臺灣筆記型電腦第一品牌。(經濟日報 2003 年 5 月 6 日，第 21 版，林信昌)

⑵品質保證奏效

華碩藉由強勢主機板品牌，使其多角化產品線進入通路時更加順遂，公司對各產品線也有做到該產業第一的企圖。華碩更強調服務品質的支援，雖然近期宏碁推出「258 服務」，被視為是對華碩服務體系的考驗。不過華碩顯得信心十足，除了表示「對手總算跟上來」外，也表示華碩提供兩年全球保固和液晶無亮點三十天內退換的全套服務，這仍是對手所不及之處。(工商時報 2003 年 5 月 6 日，第 13 版，曠文琪)

⑶2003 年臺灣第一名

由於華碩 2003 年自有品牌產品表現出色，預估自有品牌筆記型電腦比重將達四成，以此估算，全年自有品牌銷量為 12 萬臺。

本土「雙 A」(宏碁 Acer、華碩 Asus) 品牌競爭多年，2003 年首季華碩以 2.42 萬臺拿下臺灣第一大品牌，終於達成施崇棠對筆記型電腦的第一階段目標。

經銷商分析，品質是華碩致勝關鍵，加上行銷手法愈來愈有彈性，價格策略比過去有競爭優勢，以及成立皇家俱樂部專為客戶售後服務，都是華碩後來居上的原因。

除了在臺灣大有斬獲，華碩 2003 年在大陸市場的動作也更加積極，華碩副總表示，華碩在經歷重新整頓後，在大陸自有品牌市場的表現將更勝以往，3 月大賣 5,000 臺，歐洲通路市場成績不弱。(經濟日報 2003 年 4 月 30 日，第 39 版，林信昌)

2003 年 3 月，華碩積極發展品牌筆記型電腦業務，決鎖定歐洲為重點市場，訂下 2004 年超越宏碁，成為歐洲第一華人品牌的目標。由於明基、聯想筆記型電腦也將陸續加入戰局，華人品牌在歐洲市場的爭奪戰一觸即發。

宏碁經營 acer 品牌已有近 20 餘年經驗，在華人品牌地位難以撼動，尤其公司 2002 年在泛歐地區品牌業績達 11 億美元，佔宏碁品牌獲利 40%，acer 已成為歐洲地區前五大品牌，其中筆記型電腦品牌業務在義大利、奧地利及捷克市佔率更高居市場第一位。(經濟日報 2003 年 3 月 16 日，第 3 版，林貞美、蕭君暉)

(三)巨獅 + 金鵝

2003 年 8 月中旬，施崇棠發函所有員工，提出以節流為宗旨的「金鵝計畫」，要求華碩員工提升成本控制意識，以增加公司利潤為首要。金鵝計畫除重申增加產品附加價值與產品設計改善，以及常山之蛇團隊合作的重要性外，重點即為要求全體華碩人隨時留意周遭有哪些降低成本的機會。(工商時報 2003 年 8 月 28 日，第 1 版，胡釗維)

1.故事起源

在《證嚴法師說故事》書中，有篇〈貪心失金鵝〉的文章提到，一位貧困的婦人有天得到一隻長滿金黃色羽毛的金鵝，婦人藉由每次拔下幾根金羽毛賣得好價錢而改善生活，後來婦人貪心將金鵝羽毛全數拔光，不久鵝的羽毛再長出來，但新長的羽毛卻是一般的白羽毛，婦人不懂節制的作法，使其最終只能落得原來貧困生活。

2.意有所指

施崇棠提出「金鵝計畫」，正是希望華碩人扭轉這幾年以提升產品品質為名，而不惜花大錢的作法，而「金鵝計畫」也應該是華碩「巨獅策略」的配套作法。

華碩產品在市場上一向有高品質口碑，不過當華碩希望在產品口碑外，以爭取市佔率為首要目標的「巨獅策略」提出後，毛益率下滑便成為華碩必須洗腦的課題，尤其華碩本業主機板產業近年毛益率不斷創新低的趨勢已成形，更迫使施崇棠認知節省成本的重要性。節流在過去以品質掛帥的華碩很少成為「課題」，如今卻是施崇棠要求全體華碩人必須念茲在茲的課題。

華碩 7 月起力行利潤中心制已是施崇棠金鵝計畫的起步，在此制度下，施崇棠並提出費用節省的成果不是絕對的數字，而是相對於公司所賦予的任務一說，各部門主管應考量部門員工貢獻度和對其他部門貢獻可能性，作合理流動，顯然經常把痛苦指數掛在嘴邊的施崇棠，為達成其將華碩蛻變為全球一流 3C 整合公司的目標，已使出渾身解數。(工商時報 2003 年 8 月 28 日，第 3 版，胡釗維)

四、組織設計

為了應變，自 2003 年 7 月起，華碩也進行了組織改組，採取虛擬事業群的概念，讓各事業模擬利潤中心制，以因應未來組織做大後，可能產生的分割變化 (詳見圖 7-3)。施崇棠說，現在是以利潤中心概念要求各部門，至於會不會後續把這些部門分割出來？他以「會有變化」回應。(工商時報 2003 年 7 月 24 日，第 3 版，曠文琪)

五、績　效

㈠營運績效轉好

華碩在多角化經營有成之下，而且開拓 ODM 訂單大有斬獲，主機板陸續接獲英特爾、IBM、富士通等大單，而 NB 也首度拿下三星的代工訂單，下半年業

圖 7-3　華碩電腦組織架構

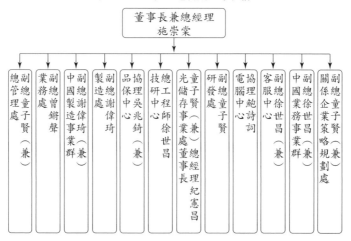

績成長看俏，華碩 2003 年除權後，每股盈餘有上看 6 元以上的實力（詳見表 7-6）。（工商時報 2003 年 9 月 12 日，第 19 版，林芳姿）

(二)法人平常心看待

　　臺灣個人電腦產業中主機板與筆記型電腦的仰賴 OEM/ODM 訂單的比重高達 45%、94.5%，主機板廠商在淡季效應、打銷庫存和低價競爭之下，第二季毛益率下滑幅度超過 2 個百分點；筆記型電腦公司受惠於大陸生產基地成本效益、高毛利產品比重提高，第二季毛益率呈現持平或微升狀況。在主機板方面，華碩 2003 年下半年營收成長動力仍大，建議持有，其有中度風險（詳見表 7-7）。（經濟日報 2003 年 9 月 21 日，第 10 版，林美如）

表 7-6　一線 MB 廠上半年獲利比較

公　司	Q2 毛益率 (%)	較 Q1 下滑百分點 (個)	Q2 稅前盈餘較 Q1 降幅 (%)	上半年稅前盈餘 (億元)	年增率 (%)	上半年稅後 EPS （元）
華　碩	17.97	-1.06	-30.2	58.48	18.4	2.47
技　嘉	18.4	-2.35	-34.6	22.14	57.5	3.45
微　星	8.15	-4.69	-92	13.7	-26.54	2.05
精　英	2.74	-2.92	-89	4.29	-74	0.7

資料來源：各公司。　　　　　　　　　　　　註：EPS 以除權後股本計算。

表 7-7　PC 產業重點個股評析

相關公司	營業收入（億元）		稅前淨利（億元）		EPS（元）	
	2003 年	2004 年	2003 年	2004 年	2003 年	2004 年
主機板						
華　碩	719	828	134	138	5.63	5.73
技　嘉	360	415	43	46	6.57	7.0
微　星	683	766	33	44	4.46	5.92
筆記型電腦						
仁　寶	1,496	1,883	111	124	3.74	4.2
英業達	945	1,097	37	23	1.72	0.98
廣　達	2,785	3,482	158	187	5.37	5.91

資料來源：寶來證券。

推薦閱讀

1. 伍忠賢,〈第十四章:人文氣息工業設計的華碩電腦〉,《科技管理 —— 個案分析》, 全華科技圖書公司, 2003 年 9 月。
2. Joyce, William 等,《4+2: 企業的成功方程式》, 天下文化出版股份有限公司, 2003 年 8 月。

問題討論

1. 2000 ~ 2002 年華碩的「進步太慢」, 真的是研發無限上網所造成的嘛?
2. 市佔率跟獲利如何取得妥協, 以華碩個案詳細分析。
3. 用薩爾的「4+20+2」模式再詳細說明華碩轉型三部曲。
4. 為何在臺灣, 宏碁的筆記型電腦會被華碩擠下來呢?
5. 有必要實施金鵝計畫嘛?

第八章

基爾茲讓吉列的金頂
電池跑更快?

　　創立於 1901 年的吉列 (Gillette) 公司，是世界上第一把安全刮鬍刀的發明者，也是男性儀容產品的全球領導者。該公司旗下產品主要分為五大領域：吉列刮鬍刀和儀容用品、歐樂 B 口腔保健系列 (Oral-B)、百靈家電 (Braun)、金頂電池 (Duracell)、派克 (Parker) 和威迪文 (Waterman) 高級鋼筆和文具用品。

　　在刮鬍刀領域，吉列的品牌知名度已如同可口可樂、康寶濃湯等消費性品牌，被認定為美國文化的一部分。

一、老化了嗎？

　　由於產品的獨特性，吉列的股票大受美國投資之神華倫‧巴菲特 (Warren Buffet) 的青睞，被視為核心持股。

　　吉列 2000 年營收 93 億美元，電池事業部約佔四分之一強。美國刮鬍刀和剃刀市場規模約 12 億美元，吉列囊括八成，2000 年盈餘成長 11%。但是電池事業部盈餘衰退 28%，2001 年前九個月的獲利再降 55%。電池事業部原本是金頂電池 (Duracell) 公司，1996 年被吉列併購，此後員工流動率就高得嚇人，中高階管理者和行銷人員的流動率分別為 80% 和 75%。

二、新手上路

吉列執行長基爾茲（該公司提供）

　　1998 年以來，公司獲利連續四年大幅衰退，包括巴菲特在內的幾個大股東，2000 年聯手把吉列公司前執行長趕下臺，基爾茲 (James Kilts) 臨危受命，但也沒有多少時間可以證明自己的策略靈不靈光。

　　2001 年 2 月，基爾茲在菲利普莫理斯旗下克拉夫食品公司任職時，曾成功的主導乳酪和穀類食品降價，讓業績扳回一城。這次他能否扭轉吉列頹勢，備受各界注目。

　　他曾經在奈畢斯寇 (Nabisco) 控股公司掌舵三十

個月，最後以 189 億美元把公司賣給菲利普莫理斯公司。吉列公司創辦百年以來，以前也曾用過外人擔任執行長，但那是七十年前的往事。基爾茲的年薪至少 100 萬美元，2001 年紅利也可望達到 100 萬美元，另外，他也有權以每股 34.16 美元的價格購買 200 萬股吉列股票。

三、重訂目標

基爾茲告訴投資人，前任執行長所訂的盈餘每年成長 15%、營收每年成長 10% 的目標不切實際，一旦營收達不到預期，他們就漲價、砍行銷費用，且以促銷活動引誘零售商上門，補貨量遠超乎實際需求，造成吉列出現十年來最嚴重的獲利衰退。

為了扭轉公司頹勢，2001 年 6 月基爾茲把公司營收目標調降近一半，只承諾盈餘成長速度會超越營收成長速度。基爾茲不願預測公司何時重拾成長，他說：「是不是要花六個月、九個月或十二個月，我不願講一個明確的時間。只要我們做正確的事，業績一定會好轉。」

投資人說，2001 年是吉列的轉型年，獲利還會進一步下滑。有些基金經理表示，基爾茲整頓企業和讓投資人預期轉趨保守的作法是正確的。

四、新官上任三把火

基爾茲這位食品業的整頓大師所採取振衰起敝的措施如下。

(一)陣前換將

4 月，基爾茲首先請到亨氏 (Heinz) 食品公司執行長賴基負責電池事業部，他第一個動作就是調整產品在零售商的鋪貨面積。例如，售價比公司其他品牌高出 30% 的 Ultra，佔公司業績不到四分之一，鋪貨面積卻接近一半。

(二)消化庫存

2001 年第二季以來的零售商庫存開始消化。

(三)局部兵優

編列 1 億美元為主力產品 Copper-Top 的廣告預算，其中包括上電視打廣告，這是四年來頭一遭。

但是吉列電池事業部至少面對三大挑戰：一是零售商縮減電池庫存，從以往的十三週減為十週。其次是 2001 年上半年手提式電子產品的銷售量衰退一成，連帶造成電池市場成長停滯，遠不及 1995 到 2000 年平均 8% 的成長率。第三是其他品牌的競爭，除了第二名的勁量 (Energizer) 之外，零售商也推出自有品牌。

增加 2001 年的行銷預算四成，初期已見成效。2001 年第三季營收出現 2000 年以來首度成長。根據 AC 尼爾森公司調查，美國一年電池市場的胃納約為 24.7 億美元，到 9 月 8 日為止，金頂電池的市佔率為 49%，高於 2000 年底的 46%。

(四)減少新產品

基爾茲提高新產品開發計畫批准門檻，放慢新產品推出速度，把 2001 年資本支出佔營收比率降到 7.5%，未來再降至 7%。

他表示，吉列推出 Sensor Excel 四年後，就推出三刃的 Mach 刮鬍刀，而 1977 年上市的 Alra 則賣了十三年。他指出：「四年的時間太短，還沒有把本撈回來，以後我們要等到投資回收後，才會有新的資本投入。」

(五)裁　員

基爾茲打算裁減 9% 以上人力，並降低原材料費用，未來二年內降低 2.5 億美元。節餘成本將用在行銷和降價上，金頂電池降價可能性尤高，低價品競爭使該產品市佔率大幅滑落。

五、短期戰果

2001 年第二季營收下滑 4.7%，成為 21.2 億美元，盈餘繼第一季衰退 30% 後，第二季再減 22%，成為每股 22 美分。(經濟日報 2001 年 7 月 28 日，第 9 版，官如玉)

吉列的股價在 1999 年 3 月攀抵 64.38 美元後，就一路下滑，10 月下旬一直在 31 到 32 美元之間游走，跌幅將近一半。部分大股東也出脫持股，股價欲振乏力。例如，羅伯斯公司持有 15 億美元的吉列股票，公司創辦人之一的羅伯斯也是吉列的董事，但已經出清大部分吉列股票。(經濟日報 2001 年 11 月 3 日，第 9 版，戚瑞國)

從這些方面來看，吉列還有「苦日子要過」。

✍ 推薦閱讀 ~

· 編輯部,〈吉列如何席捲全球市場〉,《EMBA 世界經理文摘》,1999 年 7 月,第 100 ～ 107 頁。

✍ 問題討論 ~

1. 董事會為什麼要找外人來反敗為勝?
2. 如何判斷基爾茲適任 (或夠格)?
3. 基爾茲對外會不會太保守,以致對支撐股價不利?
4. 基爾茲改革方式做對了嗎? 請逐項討論。
5. 基爾茲的改革可以更快發揮效果嗎?

第九章

美國沃爾瑪百貨執行長薪火相傳

沃爾瑪公司賣場建築之一（該公司提供）

全球最大的零售商沃爾瑪（Wal-Mart，另有譯為威名或華爾）百貨公司，儘管受到經濟成長減緩的影響，業績成長率降至 1997 年以來最低水準，但是 2001 年營業額達到 2,200 億美元，已超越艾克森美孚石油公司 (Exxon Mobil)，成為全球營收第一大企業。

2002 年營收 2,440 億美元的沃爾瑪不但讓無以計數的競爭對手無立足之地，更把通用汽車、施樂百 (Sears) 等企業擠下模範企業榜。沃爾瑪的營運手法提供美國商學院最佳的個案研究案例，也是警惕其他企業的活生生負面教材，學術界的沃爾瑪熱也造成書籍教材熱賣。(經濟日報 2003 年 8 月 12 日，第 40 版，官如玉)

全球零售產業龍頭沃爾瑪可說是叫好又叫座，俄亥俄州哥倫布市的大研究公司 (Big Research)，每個月對全美各地 2 萬名消費者的購物習慣進行調查。2003 年 6 月的調查發現，稱霸全球零售業的沃爾瑪可說老少咸宜、貧富通吃，已經擄獲了消費者的心。食品雜貨銷售年營業額達 500 億美元的沃爾瑪，在 2006 年之前可望搶下全美食品銷售額的 12%，而且沃爾瑪還是最受消費者喜愛的商店。

「沃爾瑪顯然稱霸零售市場，是產業中的酷斯拉，」大研究公司執行長杜雷尼克 (Gary Drenik) 說：「我們的調查裡，沃爾瑪是 18 歲以上各年齡層心目中的第一品牌，是女性消費者的最愛，也是年收入 5 萬美元以下、或 5 萬美元以上，甚至 7.5 萬美元以上人士的首選商店。」

此外，前往沃爾瑪購買衣物的消費者中，45% 的女性、47% 的男性順便在此添購食品雜貨；上門買童裝的消費者，會順便採買食物的佔 42%；前來購買化妝美容用品的，更有八成開始把沃爾瑪當作主要採買食品的基地。

雷曼兄弟公司 (Lehman Brothers) 食品及藥物零售產業分析師艾德勒 (Meredith Adler) 認為，許多人在決定上哪購物時，都不是以價錢為唯一考量。他說，消

費者的決定受價格之外的許多因素影響，包括賣場遠近、產品品質、店內貨色和自己要買多少東西等。(經濟日報 2003 年 7 月 12 日，第 8 版，林郁芬)

一、葛拉斯皇朝

沃爾瑪曾兩度經歷掌舵人交替，第一次是在 1988 年 2 月，創辦人華頓 (Sam Walton) 把決策權交給葛拉斯 (David Glass)，第二次是在 2001 年 1 月，葛拉斯交棒給史考特 (H. Lee Scott)。為順利完成交棒，1938 年次的葛拉斯早在五年前即開始為接班佈局。葛拉斯效法華頓的作法，交棒後轉任顧問，協助史考特交接。

二、史考特皇朝

沃爾瑪執行長史考特（該公司提供）

以史考特為例，他進入公司先從貨運車隊助理主任幹起，然後在同性質的物流事業部待了十六年，後來奉調掌管行銷事業部，負責增進營收並降低庫存。

1949 年出生的史考特接受《華爾街日報》專訪指出，公司接班順利的原因有三：

1. 葛拉斯和董事長羅勃‧華頓 (Rob Walton) 使董事會跟管理階層互動良好。新上任的總裁兼執行長順利發展跟董事會的關係，便能了解董事會的期望在哪裡。

2. 經營方式不是以個人風格為導向，而是以消費者和會員的需求為導向。創辦人華頓或許精力過人，但從未要公司以他為中心。因此，史考特接任執行長後，從不以執行長自居。

3. 由於公司資訊交流暢通，各方面管理相當集中，因此能掌握各項事業的脈動。即使不在某些部門工作，專業掌握上不會因為隨升遷而出現障礙。

三、《華爾街日報》的金玉良言

《華爾街日報》歸納史考特成功完成執行長交替有五項學習榜樣:

1. 高階主管互調歷練,儘量熟悉企業中各部門的事務,如此可避免新任執行長出現專業不足的障礙。

2. 增加接班人跟高階主管和董事會的互動,讓公司高階主管充分了解董事會的期望。

3. 即將卸任和即將上任的執行長必須先適應新角色,事先討論交接事項,合力找出潛在問題的解決之道。

4. 新任執行長開會時不應坐在自己的位子上,這麼作會讓大家感覺更自在。

5. 保持謙虛。(本文大部分取材自劉忠勇,〈執行長薪火相傳〉,經濟日報,2001 年 4 月 7 日,第 9 版)

因為他了解到公司裡沒有人有足夠廣泛的資歷能進入高層,於是積極地把一些有潛力的人選安排到較陌生的領域去歷練,為明天作準備。

問題討論

1. 沃爾瑪百貨為何能歷久彌堅?

2. 沃爾瑪百貨採取指定接班人方式嗎?

3. 沃爾瑪百貨安排接班人方式足夠嗎?

4. 《華爾街日報》對沃爾瑪百貨接班評語有搔到癢處嗎?

第十章

百事可樂大戰可口可樂

百事可樂執行長恩利可（該公司提供）

百事可樂 (PepsiCo) 董事長兼執行長恩利可 (Roger Enrico) 是近來商界的風雲人物，在他的領導下，這家全美第二大軟性飲料製造商 2001 年第一季獲利成長 18%，創下連續六季兩位數的成長。

母公司位於紐約市的百事可樂公司，在 1996 年升任執行長的恩利可（1946 年出生）帶領下，成功脫離困境。他精簡百事可樂的事業，把速食和裝瓶事業部單獨成立公司，專心經營高獲利的軟性飲料、果汁和零食。

一、本業（碳酸飲料）防守

流行歌手小甜甜布蘭妮 2001 年 2 月跟百事可樂公司簽約，成為百事可樂的產品代言人。當青少年偶像小甜甜布蘭妮和饒舌歌手懷克利夫大聲唱著「百事的歡樂」，對手可口可樂依然穩居美國和海外軟性飲料龍頭寶座。

二、找幫手，團結力量大

2001 年 8 月 1 日，美國聯邦公平交易委員會 (FTC) 投票通過百事可樂收購桂格燕麥公司 (Quaker Oats) 的反托拉斯調查，兩家公司聲明，近日內將完成這樁總值 138 億美元的股票收購交易，二家公司年營收將達 250 億美元。

百事可樂收購桂格燕麥案引發可能危及市場競爭的疑慮，主要因為百事可樂擁有 All-Sport 品牌，是桂格燕麥最暢銷運動飲料開特力 (Gatorade) 的競爭對手。兩家公司於 2000 年底達成收購交易後，FTC 展開反托辣斯調查。百事可樂發表聲明說，將依交易協議，把 All-Sport 品牌賣給亞特蘭大生產 Dad's 沙士的 Monarch 公司。

百事可樂把開特力納入其非碳酸飲料系列後，將在總值 25 億美元的運動飲料市場上成為最大品牌。百事可樂也擁有 Aquafina 礦泉水、立普頓 (Lipton) 茶和 Tropicana 果汁等品牌。2000 年時，至少有兩家公司跟百事可樂競購桂格燕麥，據

傳可口可樂曾提出 157.5 億美元的提議，但雙方未達成協議；法國食品集團 Danone 公司也曾提議收購，最後由百事可樂贏得交易。(經濟日報 2001 年 8 月 3 日，第 8 版，吳國卿)

對可口可樂的董事長達夫特 (Douglas N. Daft) 來說，可說是「錐心之痛」，因為 2000 年 11 月，董事會否決他併購桂格的提案，才讓百事可樂有機可乘。(經濟日報 2001 年 12 月 8 日，第 9 版，官如玉)

三、搶攻運動飲料市場

可口可樂跟百事可樂在可樂、汽水、果汁等飲料市場捉對廝殺多年後，如今兩強正擺開新陣仗，摩拳擦掌等待下一回合交鋒，戰場是成長最快的飲料市場：運動飲料。

2001 年 6 月底，百事可樂公司宣佈自己是運動飲料之王，藉收購桂格燕麥公司而把著名運動飲料開特力納入己方陣營。百事的非碳酸飲料事業部，已經大幅提升北美飲料事業部的業績。

可口可樂這一回雖可能處於劣勢，但也有反擊計畫。可口可樂 7 月中旬大舉翻新自有運動飲料品牌 Powerade。根據《飲料文摘》(*Beverage Digest*)，Powerade 上市九年來，只攻下美國 15% 的運動飲料市場，遠不及開特力的 78%。

為了跟開特力區隔，可口可樂把 Powerade 定位為不只是供運動員解渴的飲料，而是「生命的燃料」。2001 年 10 月三種新 Powerade 飲料結合運動飲料解渴的功效，以及「紅牛」(Red Bull) 等活力飲料提神的功能。Powerade 的銷售對象將以衝浪者、滑板人口等非傳統運動員為主，有別於開特力主攻的市場。主導 Powerade 品牌重塑的資深品牌經理歐薩說：「我們將把運動飲料提升至另一層次。其實，許多人即使沒運動，也喝運動飲料，顯示有些需求尚未獲得滿足。在生活變得更忙碌後，消費者需要一種讓他們整天都有活力的飲料。」

可口可樂在美國市場斥資 6,000 萬美元重塑 Powerade 品牌，並考慮把新產品引進墨西哥等大型國外市場。2000 年，可口可樂砸下 3,230 萬美元在媒體上替 Powerade 打廣告，桂格燕麥花在開特力的廣告費約 9,140 萬美元。(經濟日報 2001 年 6 月 9 日，第 9 版，湯淑君)

四、大力發展零食、餐廳事業

由於美國本土的可樂銷售已達頂點，可口可樂佔據的七成國際市場也不易動搖。百事可樂決定把行銷重心轉向其他飲料和 Frito-Lay 零食產品線。Frito-Lay 是美國最大零食品牌，握有一半市佔率，佔百事可樂營收三分之二。

百事的速食餐廳事業包括必勝客 (Pizza Hut)、肯德基 (KFC) 和塔可貝爾 (Taco Bell)，另成立三康環球餐廳公司 (Tricon Global Restaurants)，裝瓶事業則成為百事可樂裝瓶公司 (Pepsi-Cola Bottling Group)。

五、短期戰果

數字顯示，恩利可的策略相當成功。最近幾季百事可樂所有事業都有強勁表現，尤其是北美的非碳酸飲料事業部，和北美的 Frito-Lay 零食事業部，連續九季出現兩位數成長，是集團獲利最高的事業。

百事可樂能否維持強勁的成長，必須仰仗總裁兼營運長、1949 年次的雷蒙德 (Steve Reinemund)。恩利可已經表明他會在桂格收購案完成後，把執行長的棒子交給雷蒙德。(經濟日報 2001 年 5 月 12 日，第 9 版，陳智文)

六、2003 年碳酸飲料戰

美國的 7-11 一方面為使思樂冰飲品推陳出新，另一方面也為因應愈來愈多消費者基於體重或健康因素而要求減糖產品的呼聲，7-11 執行長凱耶斯 (Jim Keyes) 這幾年來一直鼓吹該公司跟飲品供應商推出零熱量思樂冰 (思樂冰每 30cc 熱量通常超過一百卡)。百事健怡思樂冰終於在 2003 年 8 月下旬成了 7-11 的商品，7-11 也透過電視、廣播、店面廣告向全美推銷新款思樂冰。7-11 表示，自從百事健怡思樂冰上市以來，思樂冰銷路就大增。

7-11 8 月份（不含汽油）營收的同店銷售額比 2002 年同期成長 4.8%，百事

健怡思樂冰功不可沒。7–11 思樂冰商品經理瑞克維奇 2002 年夏天在 7–11 年會上向飲品供應商表示，希望 2003 年夏天能推出健怡可樂思樂冰，共享 7–11 通路的可口可樂和百事可樂隨後便為此開始研究如何把健怡可樂變為零熱量思樂冰的妙方，結果這回是百事可樂搶先一步推出新的思樂冰商品，而可口可樂健怡思樂冰現處於試賣階段。

糖晶體不但有助思樂冰保持剉冰狀態，消費者能輕易用吸管吃冰，然而，既要開發不含糖的思樂冰，又要無損思樂冰品質，這對百事可樂跟可口可樂研發人員來說實在不是容易的事，代糖組合不當將使思樂冰變成一大塊冰塊或使消費者喝到走味的思樂冰。

百事健怡思樂冰配方含太格醣 (tagatose)、丁四醇 (erythritol)、蔗糖素 (sucralose) 等三種代糖。百事可樂表示，太格醣有助於維持健怡思樂冰產品穩定度，也能防止思樂冰機器內部結冰。雖然仍有百事健怡思樂冰呈現湯湯水水狀態或思樂冰機器出冰口結冰阻塞的反應，但是百事可樂表示，剛開始小毛病難免，但是會力求改善；可口可樂則仍為健怡思樂冰品質擔心。

七、好的開始，成功的一半

加味飲料佔公司營收和獲利的三分之一，如何帶動成長成為可口可樂的當前要務。美邦公司消費產品分析師賀佐格 (Bonnie Herzog) 表示，可口可樂的新經營團隊讓公司動了起來，更有創業精神，更願意冒風險。她指出，可口可樂 2002 年的成長大部分歸功於新產品上市加快速度，可口可樂迫切需要這種改變。

罐裝水、茶飲料等非碳酸飲料成為可口可樂和百事可樂的主要成長推力，這類飲料 2003 年佔可口可樂總營收的 12%，公司希望 2006 年可提高到 25%。

八、小心呷緊弄破碗

但是有人擔心，高階主管銳意改革會造成鼓勵員工為達目的不擇手段的企業文化。

　　可口可樂 2003 年 7 月透露，董事會中的審計委員會調查發現，1998 年時，幾位加味飲料部員工竄改 Frozen Coke 的市場測試結果。公司已調查員工捏造市場測試結果，據稱，這些員工支付外界顧問 1 萬美元，要他帶領一些小孩到漢堡王吃包含 Frozen Coke 在內的套餐，漢堡王根據市調結果斥資 6,500 萬美元在各分店出 Frozen Coke。2003 年 6 月，漢堡王跟可口可樂公司劍拔弩張，可口可樂必須步步為營，據稱漢堡王正在調查可口可樂 1998 年的市場測試結果。

　　可口可樂審計委員會調查指出，這種資料造假只針對單一產品促銷，且漢堡王早在 1998 年就決定投資這個產品。(經濟日報 2003 年 7 月 27 日，第 7 版，官如玉)

問題討論

1. 在戰術上，百事可樂找布蘭妮當產品代言人合適嗎？

2. 恩利可不採取跟可口可樂正面衝突方式，而採取多角化方式來成長，合適嗎？

3. 可口可樂應該在運動飲料市場以小擊大嗎？

4. 由短期戰果足以判斷恩利可能功成身退嗎？

5. 在台灣的統一超商夏天還有推出思樂冰嘛？為什麼？

第十一章

德國西門子運輸事業部脫胎換骨

德國西門子 (Siemens) 集團可說是在臺灣最為人熟悉的德國公司之一,產品包括手機、電話交換機,這個個案中我們將討論運輸事業(主要是軌道運輸,像高鐵、捷運)。

德國西門子公司總部(該公司提供)

一、整頓運輸事業部

西門子集團旗下的運輸系統事業部號稱是全球三大鐵路運輸設備製造商之一,1997 年前曾經出現近 4 億歐元的虧損,但在公司董事克魯巴西克 (Edward Krubasik) 和新總裁史蒂芬 (Herbert Stephen) 鐵腕整頓後,該子公司早已脫胎換骨,其整頓措施更備受業界推崇,宣稱足為歐洲製造業的楷模。

1998 年營收 26 億歐元、虧損 3.8 億歐元 (3.25 億美元),母公司特別下達緊急命令,要求該事業部務必降低成本,至少得削減 10 億歐元的費用,約佔預算的三分之一。

二、開源節流一起來

1938 年出生的史蒂芬指出,革新和削減成本一樣重要,兩者不可偏廢。他說:「我們希望成為領導者,所以不單是要降低生產成本,也必須創造就業機會。」

整頓措施涵蓋許多層面,重點包括下列四項。

(一)減少產品項目

西門子公司總裁史蒂芬(該公司提供)

以往西門子提供給客戶許多選擇,光是鐵路臺車就有 160 種規格。經過篩選後,現在只剩下 15 種款式,

全部集中由奧地利葛拉茲廠生產，單位成本省下逾三分之一。

㈡集中 (focus) 生產

雖然省錢是資方下達的指令，可是史蒂芬並沒有採取關廠措施，而是把工廠之間生產線重疊的狀況降到最低，每間工廠只生產特殊種類的產品，生產效率因而大幅提升。

被製造商視為頭號機密的裝配作業，經過合理化處理後，裝配效率大為提高，如今一臺 Desiro 貨車，從裝配到出廠只要 25 天，遠低於三年前的 75 天。

產品單純化的成效十分顯著，引起母公司的重視，並派員「取經」，了解實際作法。

㈢減少供應商數目

西門子向外界供應商採購的零件佔製造成本的一半，為了提高零件品質和簡化零件的複雜程度，西門子特別仿效汽車業界的分級供應商制度，從品質、可靠性和交貨速度來評估供應商，把供應商數目由數千家縮減到 1,200 家，希望未來能進一步縮減為 500 到 700 家。

㈣改善產品測試

在改善測試方面，不惜花下鉅資，添購一條造價 7,500 萬歐元的精密鐵路軌道，替客戶省下自行試車的麻煩，以爭取新的訂單。

三、 短期戰果

結果證明，史蒂芬的整頓措施的確有對症下藥，該事業部在 1999 年會計年度轉虧為盈，營收衝到 40 億歐元，稅前盈餘達 7,500 萬歐元。2001 年上半年，銷售額為 19 億歐元，獲利為 7,900 萬歐元，顯然已經達到目標，由於訂單激增，雇用員工人數自 1998 年來已增加 400 人，成為 14.5 萬人，其中六成是在德國廠。(經濟日報 2001 年 8 月 4 日，第 9 版，郭瑋瑋)

四、中期績效

全球第六大製造集團西門子公司 (Siemens) 的許多競爭對手，包括瑞士的艾波比 (ABB)、法國的 Alstom 以及英國的 Invensys 等，2000～2003 年都被世界市場的不景氣和 1990 年代末期累積的負債壓得透不過氣，頻頻爆出財務困擾。西門子卻靠一套激進的經營策略方案，多方面降低成本、改善決策與加強創新，得以逃過競爭對手相繼陷入的陷阱。

㈠全面最佳流程

華瑟斯坦投資銀行的分析師史泰特勒表示，西門子能夠在艱困的關頭持盈保泰，跟公司實施「全面最佳流程」(Total Optimised Processes，TOP) 有「絕對的關聯」。他說：「我對西門子未來一年的表現深具信心，原因之一就是因為 TOP。這項方案改變了企業文化，集團內表現不佳的事業日漸減少。」

該集團三分之二的事業部實施 TOP 計畫，西門子公司 2003 年度的營收估計約 750 億歐元（840 億美元），員工總數約 40 萬人，其中四成在德國境內。西門子公司這一年的純益預估可達 22 億歐元多一些，不及 2002 一年的 26 億歐元，跟 2000 年締造的 89 億歐元相比，更顯得遜色。不過，盈餘萎縮主要跟全球產業投資大幅萎縮有關，特別是美國。而且跟陷於財務困境的眾多競爭對手比起來，西門子的景況又顯得相當出色。

公司董事克魯巴西克是構思 TOP 方案的靈魂人物之一，他說過去幾年來，約有 1、2 萬名員工直接參與這項計畫。在醫療系統和火車生產這兩個表現傑出的事業部，運用的成效尤其顯著。

㈡在旗下 VDO 公司的運用

TOP 計畫運用在西門子旗下的車輛組件事業 VDO 公司已有兩年，VDO 是世界第三大車用電子零件製造商，2000 年時西門子把車輛事業跟德國 Mannesmann 集團旗下的一家子公司合併時，該事業部的情況很差，2001 年有 2.61 億歐元的虧

損。但是在採行 TOP 計畫的一些要素後，2003 年預料會有約 4 億歐元的盈餘。

　　西門子的首要工作是為 VDO 成立一個新的全球架構，依據產品市場區隔劃分成 15 個新的部門，每個部門都委派一位「隨時尋求成長機會，能把自己的部門當成中型事業來管理的」經理。

　　15 位部門經理加上幾位資深經理，都被分配必須在材料、生產、後勤、研發、行政和資訊技術等六個領域上降低成本的目標。為了達成目標，VDO 上上下下共採取約 6,000 項各式各樣的決策，包括改變生產手續、重新設計組件或透過網際網路開標降低供應費用等。2002 年，VDO 削減約 6% 的成本，節省了 7 億歐元的費用，2003 ～ 2004 年仍希望有相同的成果。

　　VDO 執行 TOP 計畫的特點之一是高層的 50 位經理每三個月就聚集開會一次，會議中有 20 位稽核人員出席，並且提出記錄他們在產品品質、創意等 15 個事項上表現的圖表資料。

　　從法國零件工廠 Valeo 被徵召來擔任 VDO 執行長的戴亨 (Wolfgang Dehen) 說：「檢討會議相當公開，每個部門就像一個足球聯盟底下的不同球隊，如果你的績效墊底，完全一目了然。大家都不喜歡在評分制度中落後，……這會刺激他們改善。」

　　TOP 策略計畫有很重要的一部分，是把生產業務移轉到大陸、墨西哥和捷克等勞工成本比較低的國家。VDO 公司的員工共 4.4 萬人，約三成是在前述這些國家，2000 年時則只有約 20%。

　　除了降低成本之外，西門子也非常著重產品的創新。克魯巴西克指出：「如果不能同時兼顧擴增新產品，成效勢必很有限。」縱使在汽車業景氣低迷之際，VDO 仍因電子裝置在車輛中扮演日益重要的角色，而不斷製造成長的機會。(經濟日報 2003 年 9 月 28 日，第 7 版，陳澄和)

問題討論

1. 比較西門子的整頓措施跟第十七章個案，請試作表整理。

2. 史蒂芬沒採取裁員方式，跟德國產業民主、日式終身雇用制有關嗎？

3. 不裁員就不會打擊員工士氣，是否因此員工比較願意接受其他改革措施？

4. 從短期戰果來看，史蒂芬的改革目標達成了嗎？

5. 收集更多資料，分析「全面最佳流程」在搞些什麼？

第十二章

來者不善的南韓三星
電子公司——矢言
2005 年打敗 Sony

2001 年臺灣觀眾吹起哈韓風，韓國片大吃香，自 1990 年代起，低價的韓國家電大舉登陸，以「俗擱大碗」著稱。南韓企業一向企圖心強烈，以生產半導體著名的三星電子 (Samsung Electronics) 公司已積極把觸角伸入手機、消費性電子產品市場，矢言 2005 年以前要打敗（至少比品牌知名度）日本電子業巨人 Sony 公司，躍居全球數一數二的電子製造商。

三星的轉型可追溯到 1997 年亞洲金融危機，當時強調薄利多銷的三星電子，因為南韓經濟嚴重衰退開始賠錢。改善企業獲利變成不可能的任務，三星在刪減 30% 成本、出售表現不佳的關係企業後，薄利多銷策略不得不急轉彎。

佛瑞斯特公司證券分析師傑克森說:「三星體認到,低成本並非永久致勝之道,如果堅持走這個路線,一定會一路輸給中國大陸。」三星董事長李健熙灌輸員工「不創新即死亡」的危機意識。(經濟日報 2003 年 10 月 12 日, 第 7 版, 官如玉)

三星想超越日本對手並不是自傲心理作祟，而是迫於降低對半導體業務依賴的實際需要。動態隨機存取記憶體 (DRAM) 獲利因產品週期而有極大差異。2000 年晶片佔三星獲利的 82%、營收 38%，但 2001 年以來晶片價格重挫，獲利大幅縮水，由表 12-1 可見，三星是全球前十大廠商中受傷最重的，該公司希望 2006 年前把半導體淨利比重降到六至七成。

表 12-1　2001 年全球前十大半導體公司

單位: 億美元

公司名稱	2001 年排名	2000 年排名	2001 年銷售額	2000 年銷售額	銷售額下滑幅度
英特爾 Intel	1	1	227.3	296.9	−23%
東芝 Toshiba	2	2	72.2	110.3	−35%
恩益禧 NEC	3	3	69.5	109.0	−36%
德儀 TI	4	5	66.7	102.8	−35%
意法半導體 STMicro	5	7	63.0	77.6	−19%
三星 Samsung	6	4	51.0	105.7	−52%
摩托羅拉 Motorola	7	6	49.5	78.8	−37%
日立 Hitachi	8	8	46.8	73.8	−37%
億恆科技 Infineon	9	9	46.4	68.3	−32%
飛利浦 Philips	10	12	43.6	63.1	−31%
合　計			736.1	1086.3	−32%

資料來源: IC Insights。

　　三星打算提高蘭巴斯 (Rambus) 等高階晶片產能,且已在靜態隨機存取記憶體 (SRAM) 攻下 26% 市佔率,並率先推出四個 10 億位元晶片,電信和消費性電子產品將創造其他三到四成獲利。

一、優　勢

三星電子執行長尹鍾龍 (該公司提供)

　　除了韓國人慣有的決心和毅力外,三星還具有哪些競爭優勢? 首先是在科技發展上押對了寶, 執行長尹鍾龍 (音譯) 表示:「在數位時代,我們可以迎頭趕上競爭者。我們在類比時代落後三十到四十年,但跨入數位時代,我們和對手可謂旗鼓相當。」

　　三星 1983 年跨足半導體生產, 1991 年率先量產 16 百萬位元 DRAM,如今更躍居產業龍頭,並穩坐全球第六大半導體業者。

　　在電子產品智慧愈來愈高且和網路銜接日益普及下,本身生產晶片的三星無形中又佔有一項優勢。同時生產晶片和液晶顯示幕可創造的綜效,就如先前的 LCD 電視般,擁有這項優勢的企業不多 (詳見表 12-2)。

　　三星大量生產的手機用快閃記憶體晶片,諷刺的是, Sony 熱賣的 PS2 使用的 Rambus DRAM 還是由三星供貨。

二、劣　勢

(一)知名度低

　　已有五十四年歷史的 Sony 早在 1955 年就進軍美國, 1968 年推出特麗霓虹電視一炮而紅。這對 1990 年代中期還以製造工業用電子產品為主的三星來說,是項極為艱鉅的挑戰。國際品牌公司 Interbrand 調查指出, 在 75 個國際品牌中,三星排名第 43, Sony 排名第 18,遙遙領先三星。

表 12-2　　2001 年第三季大尺寸 TFT 面板全球市場佔有率

全球排名	廠商名稱	市佔率	季成長率
1	三星電子	21.0%	15.4%
2	LG 飛利浦	18.3%	7.4%
3	友達光電	9.6%	16.0%
4	日立製作所	7.3%	−1.4%
5	夏　普	6.8%	5.3%
6	瀚宇彩晶	5.3%	18.4%
7	奇美電子	5.1%	14.7%
8	中華映管	4.9%	44.7%
9	東　芝	4.2%	8.9%
10	鳥取三洋	3.8%	16.9%
11	Hydis	3.8%	65.2%
12	IBM	3.6%	−4.9%
13	恩益禧	2.6%	−32.7%
14	三菱電機	1.9%	4.7%
15	富士通	0.9%	−34.5%
16	松下電器	0.5%	−4.1%
17	廣輝電子	0.4%	1400.0%
18	吉林彩晶	0.1%	−
合　計		100.0%	10.5%

資料來源: Display Search。

　　過去南韓電子業者大都抄襲日本業者的產品，然後低價出口，三星希望改變消費者的印象，把三星產品品質提升到跟 Sony 不相上下，但售價卻較低。如何扭轉美國消費者的印象，這是三星所面臨的一大挑戰。美國市場是三星最弱的一環，2000 年營收 17 億美元，遠低於歐洲的 29 億美元，只佔整個公司營收的 23%。

㈡產品線廣度不足

　　除了品牌知名度有待提高外，三星還須擴大產品陣容。產品有電視、數位相機、MP3 播放機、DVD 播放機和錄放影機，但是在規模最大的美國市場還沒推出音響和個人電腦。

三、行銷作為

在提高品牌價值上，三星電子全盤更新行銷策略。以行動電話為例，公司放棄了售價便宜的大眾市場，轉而把目標放在中高階層的使用者。在美國，三星行動電話的平均售價比諾基亞的產品貴。除了售價較高，三星也不再於美國大賣場出售產品，因為大賣場跟公司想要展現的高級品牌形象不符，三星的產品將會在電子器材專賣店出售。

除了走貴族路線，三星也力求推陳出新。公司推出了標榜為全世界最輕、第一支手錶型的行動電話，以及可以用聲控撥電話的產品等。雖然有些創新產品沒有廣大的銷售量，卻增加了三星品牌走在科技尖端的形象。

三星砸大錢做廣告，2000 年，三星成為雪梨奧運的贊助廠商，提供主辦單位、媒體和選手等使用的行動電話，並且投下 2 億美元的廣告經費。雖然三星市場所在的大部分地區經濟情況不佳，但是公司仍把 2001 年的廣告費增加 35%，達 4 億美元，以求當競爭對手減少廣告攻勢時，全力搶攻市場。未來公司會把原有的五十幾家廣告公司，精簡到僅剩幾家，一統公司的全球廣告，推出一致的形象包裝。

三星一方面在海外替品牌加值，一方面也在南韓提升環保形象。1996 年，公司制訂綠色管理規章，把環保、安全和健康視為產品的核心價值，以減少商業活動對環境的影響。三星全面負責回收該廠牌的廢棄電器用品，根據公司的統計，2000 年便回收了 2 萬多噸的電器用品。2001 年 5 月，三星宣佈成功研發了不帶有有毒物質的半導體產品，讓公司形象更添綠色。

三星的種種努力已經有了一些成果，2001 年 9 月，美國《商業週刊》報導全球一百大品牌，在亞洲品牌中，唯一上榜的日本以外企業便是三星。《商業週刊》評論，三星以創新產品和廣告策略，成功提升了品牌價值，擺脫了過去數十年來只是「日本產品廉價版」的形象。如今三星的產品也能跟諾基亞、新力和飛利浦等公司平起平坐，有些數位科技甚至已經超越對手。替《商業週刊》整理此項排名的顧問公司指出，三星電子的品牌價值 64 億美元，並且有繼續成長的空間。

（EMBA 世界經理文摘 2001 年 9 月，第 76 ～ 77 頁）

四、短期戰果

三星現有的產品都表現平平，但正往暢銷產品的目標努力。三星已打贏數位電視之役，1998 年率先量產數位電視，並躍為平面數位電視第三大製造商，2001年底可躋身世界前三大 DVD 放影機製造商。

跨足手機市場也大有斬獲，三星手機在美國締造 580 萬支銷售紀錄，營收超越市場盟主瑞典諾基亞。美國史普林特 (Sprint) 公司銷售的手機半數來自於三星，三星電子更是劃碼多路進階 (CDMA) 手機主要供應商，全球市佔率 26%。

對尹鍾龍來說，把觸角伸入消費性電子產品是一項空前的挑戰。他大學畢業後就加入三星，1996 年升任執行長，在他掌舵下，三星安然度過 1997 年 7 月的亞洲金融風暴，成為其他南韓集團的模範生。1997 到 1999 年，他把公司負債遽減 130 億美元，員工也裁減三成。(本文小部分修改自官如玉，〈三星電子矢言打敗 Sony〉，經濟日報，2001 年 4 月 28 日，第 9 版)

㈠三星手機快速崛起

2000 年 9 月，三星電子已成為僅次於諾基亞、摩托羅拉、易利信的全球第四大手機製造商。成功的原因之一是跟美國史普林特公司策略聯盟，藉此取得全美五分之一的市場。三星新手機不僅可以用語音撥號，也能播放 MP3，引起銷售熱潮。

三星在 1997 年才進軍美國行動電話市場，當年藉 6 億美元收購史普林特 (Sprint) 的資產，在德州達拉斯成立據點，曾矢言要在 2001 年名列全球前五大行動電話製造商，結果在 1998 年就辦到了。三星貝殼狀的 3500 款式在 2000 年成為全美最暢銷的行動電話。

2001 年，三星進一步推出能衛星定位的彩色螢幕頂級款式。2002 年，又發表不待撥接即可隨時收發簡訊以及能夠打電玩、看電影短片的影像手機。

繼 2001 年推出一系列手機後，三星發表採用 Palm 作業系統的 PDA I300，內建無線電話。儘管市面上已充斥各種 PDA 手機，I300 卻立即竄升為最受歡迎的款

式。「人們喜歡在開會時拿這東西出來炫耀，等於為三星做了行動廣告，」STA 公司副總裁史卡辛斯基說：「這就是新力隨身聽當年的盛況。」三星電子大肆砸錢打廣告也獲得效果，2001 年，三星的品牌知名度即大幅成長 22%。(經濟日報 2002 年 3 月 30 日，第 9 版，劉忠勇)

㈡手機成功原因

　　三星近來在國際行動電話市場頻頻奏捷，主因來自公司致力研發新機種。在三星刻意區隔下，每個客層均有專屬的設計產品，不僅講究功能，造型也是獨樹一格。特別針對青少年市場設計不同功能的手機，有的可以看電視，有的像腕錶，有的像隨身聽。專為年輕女性設計的皇后機，外觀小巧玲瓏有如粉餅盒。至於公司主管階層，則有結合掌上型電腦的超大螢幕手機可供選擇。

　　2001 年，三星在全球行動電話市佔率已經擴大到 7.5%，比 2000 年的 4.3% 多出近一倍，在全球行動電話銷售萎縮一成、國際手機大廠紛紛降低 2002 年銷售目標的情況下，三星有此佳績實在難得。(經濟日報 2002 年 1 月 8 日，第 34 版，張義宮)

　　行動電話已成為三星重要的獲利來源，並減輕晶片產業衰退對公司造成的衝擊。2001 年第三季，三星通訊部門獲利 2.36 億美元，比 2000 年同期增加二成，超越日本松下電信公司和美國摩托羅拉公司。分析師指出，三星通訊部門表現優異，是三星股價一直高於其他晶片製造同業的主因。(經濟日報 2001 年 12 月 13 日，第 8 版，郭瑋瑋)

㈢行銷致勝

　　三星設計人員增加一倍，成為 300 人，並在美國、歐洲和日本成立設計處。這些投入沒多久就開花結果，贏得 17 座產業設計傑出獎，成就和蘋果電腦公司旗鼓相當。但是要抹去消費者心中的廉價貨形象並非易事。

　　三星千方百計延攬在矽谷已有 20 多年資訊公司經營經驗的艾瑞克‧金，被三星銳意改革的決心所感動，他說：「三星從上到下都有明確的信念：品牌是公司最重要的資產，他們會幫助我壯大這個品牌。」

　　1999 年，艾瑞克‧金被獵人才公司挖角來擔任三星全球行銷業務部主管，當

時三星才剛跨入海外市場，被定位為廉價微波爐、電視機的製造商。

艾瑞克·金取消 55 家業者廣告代理權，集中到 Foote, Cone &Belding 這家公司，他解釋：「我要的是具備單一、全球架構的業者，如此就可以在世界各個角落傳達相同的訊息。」

艾瑞克·金以超炫、平易近人、獨特三項要素來涵蓋產品的精髓。每個部門都有超炫產品配額，2003 年推出的超炫產品有手錶手機、X10 超輕薄筆記型電腦。

雖然艾瑞克·金瞄準金字塔的頂端，三星的標語卻是 "DigitALLEveryone's invited"（每個人都加入數位化行列）。

艾瑞克·金坦承，改變企業文化來推動品牌形象重塑相當困難，需要由上對下的鼓勵。經濟危機帶來的不安感反成三星一股助力。艾瑞克·金說：「員工知道改變不再是一種選擇，而是應盡的義務。」

變革最激進的要屬佔營收三分之一、營業獲利半數的手機部門。拜推出 SCH 3500 等突破性產品之賜，三星全球手機市佔率由 1999 年的 2.7% 提高為 10%。

三星搭上《駭客任務》電影和奧運會便車，2000 年後，品牌知名度大為提升，被定位為高檔手機、先進液晶顯示電視製造商，且此二項產品的市佔率都大有斬獲。

傑克森表示，手機替三星開了許多扇門，三星幾乎是生產消費電子產品的唯一一家手機製造商，消費者買了三星手機，滿意後也會買三星其他消費電子產品。

三星也決定把行銷資源放在少數全球性事件上，如奧運會。早在 1998 年，三星便成為名古屋冬季奧運會的贊助廠商。

三星每年的全球廣告預算約 4 億美元，業務和行銷費用逾 10 億美元，比新力低。艾瑞克·金有意將廣告行銷預算每年提高 15%，在營收已由 1999 年的 273 億美元銳增為 2003 年的 374 億美元、淨利由 27.1 億美元增為 60.2 億美元，三星要達成這個目標似乎不難。

艾瑞克·金表示：「三星引起消費者注意後，現在要做的是建立他們的忠誠度，要培養一個品牌通常要花幾十年的時間。」(經濟日報 2003 年 10 月 12 日，第 7 版，官如玉)

㈣三星成功關鍵

　　三星電子成功的關鍵是多角化經營和差異化策略,臺灣區總經理高裕燦就說,三星電子產品採多角化策略, 當 A 產品走下坡, 具潛力的 B 產品就能銜接上來, 讓三星電子的營運非常穩定 (詳見圖 12–1)。

　　花旗美邦證券亞太區半導體首席分析師陸行之 (Andrew Lu) 表示, 三星電子的差異化策略, 跟美國以半導體為主的企業很不一樣, 不但跨足各個領域, 而且區隔產品, 專找高階製程衝刺, 使得三星電子的業績, 在不景氣中拉出長紅。

　　三星電子在 DRAM 或是 TFT–LCD 面板產業的市佔率, 居全球之冠, 竄起模式都是「美國發明、日本商品化、三星技術移轉並量產」, 英特爾和夏普等美日大廠只能恨得牙癢癢的。

　　除了差異化策略奏效外, 大手筆投入研發和行銷, 掌握差異化零組件的技術與市場, 進而提升品牌價值, 都是三星電子異軍突起的法寶。

　　三星電子在技術研發上砸大錢, 在同業間出了名, 佔營收的 8%, 以 2002 年 337 億美元營收計算, 就有 27 億美元, 使得三星在 2001 年通過美國專利商標局 (USPTO) 註冊的商標件數高達 1,450 件, 僅次於 IBM、恩益禧、佳能、美光, 位居第五位。

　　三星電子近年把大量研發費用投注於動態隨機存取記憶體 (DRAM) 和液晶面板 (TFT–LCD) 的開發, 從而掌握這兩項當前最紅的關鍵零組件的主導權, 使其在市場上佔盡優勢。

圖 12–1　三星電子事業營收結構

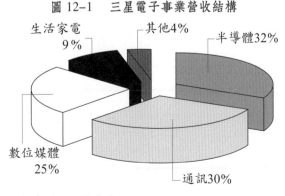

資料來源: 三星電子。

掌握技術和市場，便擁有經濟規模與成本的優勢，臺灣企業在三星電子大玩產業垂直整合的衝擊下，即使挖空心思降低人力和生產成本，最後仍因量產能力不如三星，拱手把版圖讓出來。

強力行銷的政策和支援，更使三星電子得以縱橫國際舞臺。除了以大筆行銷費用強打自有品牌，三星電子更積極參與國際奧委會組織，並且大筆贊助世界盃足球賽廣告，藉以提升國家形象，拉抬品牌價值。三星電子的行銷策略精密設計，環環相扣，終於在國際市場大放光芒。

三星電子一度衰敗，卻以新創的「三星模式」(Samsung Way) 反敗為勝，以一企業而為國創造榮耀，不但令人欣羨，也值得效法。(經濟日報 2003 年 6 月 24 日，第 4 版，張志榮)

三星最特別之處在於同時具備製造產能和自有品牌，尤其在大尺寸液晶面板 (TFT–LCD) 和動態隨機存取記憶體 (DRAM) 等兩大關鍵零組件產品，三星電子的

表 12-3　三星電子主力產品全球市佔率

*大尺寸液晶電視

排　名	企　業	市佔率 (%)
1	三　星	32
2	新　力	25
3	三　菱	25
4	日　立	11

*手　機

排　名	企　業	市佔率 (%)
1	諾基亞	36
2	摩托羅拉	15
3	三　星	10
4	西門子	8

*快閃記憶體

排　名	企　業	市佔率 (%)
1	英特爾	27
2	三　星	14
3	東　芝	11
4	超　微	10

*LCD 顯示器

排　名	企　業	市佔率 (%)
1	三　星	18
2	LG 飛利浦	17
3	友　達	12
4	夏　普	9

*DRAM 晶片

排　名	企　業	市佔率 (%)
1	三　星	32
2	美　光	19
3	海力士	13
4	英飛凌	12

資料來源: 美國《商業週刊》(BusinessWeek)。

產能和市佔率皆位居世界第一（詳見表 12-3），在規模大成本低的優勢下，讓三星電子獲利水漲船高，尤其讓臺灣業者鉅額虧損的 DRAM 產品，居然是 2002 年三星獲利的最大來源。

五、中期成果

三星電子幾乎代表半個南韓，就好像提到臺灣科技業，就直接反射到台積電、鴻海、明電一樣。只是，這三強各擁一片天，卻分屬不同產業，三星電子不但樣樣沾上邊，更是世界科技龍頭。

(一)財務績效

2003 年，三星電子被美國《商業週刊》(*BusinessWeek*) 評選為全球科技 100 強榜首，2003 年營收高達 337 億美元、1.23 兆元。在 2002 年全球科技產業一片衰退聲中，三星卻逆勢成長 25%（詳見表 12-4）。

1.23 兆元有多驚人？是臺灣製造業龍頭鴻海的 5 倍多，甚至把鴻海、台積電、廣達、華碩、仁寶、明電等前十名「大哥級廠商」加在一起，營收還不一定比得上三星電子（詳見圖 12-2）。

不但營收成長可觀，淨利表現更是驚人。2002 年淨利 58.7 億美元，比 2001 年成長 133%，獲利超越半導體巨擘英特爾的 30 億美元。

表 12-4　三星電子

公司	三星電子
創　立	1969 年
董事長	李健熙
執行長	尹鍾龍
2002 年營收	337 億美元，盈餘 58.7 億美元
2003 年營收	374 億美元
主要事業部門	半導體、數位媒體、生活家電、情報通訊
主力營收項目	DRAM、CDMA 手機、TFT-LCD 面板、液晶監視器、家電

資料來源：三星電子。

圖 12-2　三星與臺灣十大資訊電子業去年營收比較

單位: 億美元
換算基準: 1 : 35.3

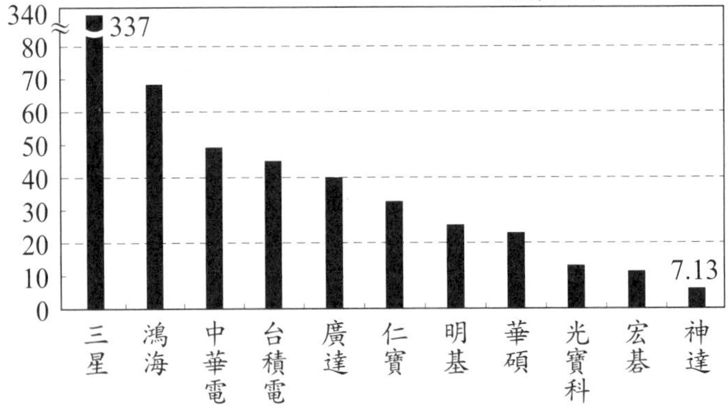

資料來源: 各公司。

㈡品牌價值蒸蒸日上

　　三星電子不僅具有產能優勢，更投資大筆資金在研發上，1999 ～ 2003 年共投資了 190 億美元在研發和興建新的 DRAM 廠，並且強化產品設計開發，讓三星電子從廉價品牌的代名詞，脫胎換骨進入明星品牌的新境界，並點名要超越 Sony。也難怪 Sony 公司總經理安藤國威曾說: 「我要求每週看一次報告，以了解三星的近況。」(經濟日報 2003 年 9 月 6 日，第 5 版，林茂仁)

　　2003 年 7 月 25 日，《商業週刊》跟國際品牌公司 Interbrand 聯合進行的 2003 年度全球品牌價值排名出爐，三星是品牌價值進步幅度最大的公司，由 2002 年的 83.1 億美元成長 31% 而達 108.5 億美元，排行榜居 25 名。(經濟日報 2003 年 7 月 26 日，第 5 版，林郁芬)

　　Interbrand 調查顯示，三星 2002、2003 連續二年奪得品牌價值提升冠軍。1999 年還未入榜的三星，2003 年品牌排名第 25，只比新力落後幾名。Innovaro 顧問公司瓊斯說: 「三星真的迎頭趕上 Sony。1988 年時，三星還是模仿他人的低價產品製造商，如今他們在跨入的每個產品領域不是排名第二就是第三。」(經濟日報 2003 年 10 月 12 日，第 7 版，官如玉)

㈢股市績效：外資搶買

　　根據統計，專業外國投資機構 (QFII) 在三星的持股比重在 55 ～ 60% 間，是名副其實的「外商公司」，三星電子近來被外資列入投資組合中的核心持股，許多半導體分析師遠赴國外做投資說明會時，三星電子被詢問的次數，遠比臺灣的台積電、廣達、鴻海等龍頭廠商的頻率還高。(經濟日報 2003 年 6 月 24 日，第 4 版，張志榮)

推薦閱讀

1. 劉忠勇,〈三星展露鋒芒,晉升世界大廠〉,《經濟日報》,2002 年 3 月 23 日,第 9 版。

2. Edwards, Cliff, "The Samsung Way," *BusinessWeek*, June 16, 2003, pp. 46 ~ 52.

問題討論

1. 如果三星知道該在 DRAM 市場逃生,那臺灣的 DRAM 業者態度如何?(請分析上市公司 DRAM 廠商事業發展方向)

2. 三星從上游(晶片)、往中游(TFT 面板)再到下游(消費性電子,如手機、LCD 電視)完成垂直整合,方向對嗎?

3. 臺灣的三星手機定位是否符合韓國母公司的全球佈局?

4. 你認為三星的策略雄心可以做到嗎?

第十三章

魯茲要讓通用汽車耳目一新

從 1981 年以來，通用汽車全美市佔率由五成減至三成，日本汽車搶走不少市場。連最樂觀的分析師也認定通用汽車收復市佔率的希望渺茫。通用汽車原本於 1990 年代初期在輕型卡車市佔率不到四成，如今已增為五成四左右。發言人坦納表示，鎖定輕型卡車市場是通用汽車的策略之一，「與其說轉而生產哪一型車，不如說變更產品組合。我們承認在產業趨勢方面落後一些，我們已調整生產以趕上變化的需求，」他說：「不過，別忘了，通用汽車是個大環境。」

通用汽車因公司太龐大，很難迅速改弦易轍。因此，要落實通用汽車執行長華格納 (Rick Wagoner) 的全盤改進汽車設計和產品的目標，並不容易。這個創意也許會奠定未來發展的基礎，但長期投資人仍得多點耐心。美國銀行分析師塔德洛斯說：「通用汽車多年來忽視設計不佳的問題，隨著魯茲加入，顯見華格納有心解決這個問題，不過，我們指望的是長期的逆轉，要看到通用汽車在產品發展上出現變化，也要等上兩到三年。」

好的一面是，通用汽車無論在品質或是生產力上，均比對手強多了。即使因為經濟不景氣，銷量滑落 13%，通用汽車在北美地區 2001 年第二季業績仍有盈餘 5.21 億美元。(經濟日報 2001 年 9 月 29 日，第 9 版，劉忠勇)

一、老兵不死，只是凋零

2000 年 12 月 12 日，通用汽車宣佈將逐年停產傲世莫比 (Oldsmobile) 車系，此車系已有 103 年歷史。這系列汽車給人的形象是寬敞、穩定、堅固、可靠，這也是多年來促銷的賣點。1960 至 1970 年代，這車系一直名列全美暢銷車排行榜。

不過，像其他代表美國形象的品牌一樣，名列通用汽車六大車系之一的傲世莫比品牌汽車，也終於不敵全球化趨勢。競爭激烈的汽車市場下，北美、歐、日其他汽車廠也推出跟傲世莫比旗鼓相當的車種，價格更具吸引力。

通用汽車坦承，公司品牌太多，市場瓜分下的消費者卻有限。雖然過去數年投資 30 億美元開發傲世莫比品牌新車，但通用汽車終究意識到，汽車界輩分僅次於賓士 (Mercedes-Benz) 的傲世莫比車系，已無法贏得消費者對品牌的向心力。最近十年的銷路逐漸滑落，尤其 2000 年銷售量遽減，前十一個月賣出約 26.6 萬輛，

只佔美國市場的 1.6%，遠不如 1985 年賣出 110 萬輛和 7% 的市佔率。(經濟日報 2000 年 12 月 14 日，第 33 版，劉忠勇)

二、有關魯茲

通用汽車研發副董事長魯茲（該公司提供）

2001 年 9 月，通用汽車延攬前克萊斯勒設計權威魯茲 (Robert Lutz) 擔任研發副董事長，來強化設計策略。通用汽車的投資人對於魯茲的任命案表示肯定。

魯茲於 1963 年在通用汽車公司歐洲的營業據點展開職業生涯，因曾經在寶馬 (BMW) 和福特汽車公司工作，對於暢銷車款設計的直覺相當敏銳，並具有讓這些車款獲利的本事。

魯茲任職於克萊斯勒汽車公司時，是推出 Dodge Ram 小貨車和 PT Cruiser 的幕後功臣之一，這兩款汽車過去十年幫助克萊斯勒公司反敗為勝。(經濟日報 2001 年 8 月 6 日，第 9 版，黃哲寬)

三、約法三章

魯茲上任後立即緊鑼密鼓推動重大變革。這場由上而下的企業維新運動，恐怕要等到 2005 甚至 2006 年才會看到新面貌，不過，從這位年過 69 歲、當過克萊斯勒汽車公司副董事長的汽車界沙場老將向部屬發出的通告來看，這場仗已經開打。

魯茲上任後下達給員工的一份通告，內容包括：

1. 絕不容許超出成本目標的方案。魯茲要求創新設計，但不能因此犧牲利潤。
2. 設計人員不應受制於消費者焦點團體 (focus group，指市場區隔具代表性的一群人) 的意見。魯茲說：「受訪焦點團體期許的未來汽車並不可靠，理由是他們只是接受調查，而不是真正買車。」他指出，焦點團體的意見導致汽

車廠商在 1980 年代推出數位儀表板和聲控等功能，但消費者反應卻冷淡。

3.設計部門的角色應予擴充。魯茲表示，通用汽車已交給設計部門一份供各系列車款使用的零件採購清單，並要求他們連不起眼的汽車零件也要設計。

4.內裝對消費者而言乏善可陳。消費者要的是嶄新的外觀、更棒的引擎以及安全和品質。他說：「如果以為聲控或螢幕科技等多功能精進足以掩蓋其他不足，那可大錯特錯了。」

5.不要打壓追求獨特產品。魯茲說，多數通用汽車的設計標準不容易製造出炫麗的產品。但業務代表總不能對客戶說：「我承認這需要適應，不過，你難道不知道這完全符合通用汽車的內規嗎？」

6.仿效本田和豐田提升生產力措施會自毀長城。通用汽車很多品牌汽車像本田和豐田一樣，為保障製造品質而採取簡單設計。魯茲說，寧可多花時間生產高利潤的汽車。

在這份以「常存的信念」為題的通告中，魯茲甚至拿飽受各界評為怪異的通用汽車的 Pontiac Aztek 為例。他說：「在汽車業中，不冒險如同坐以待斃。」而 Aztek 就這點來看便值得稱許。

研發部門員工長久以來被迫充當「通用汽車點頭部隊」，因此魯茲企圖整頓通用汽車保守研發文化，同時物色設計團隊的接班人。不過，員工懷疑魯茲推動改革的腳步能有多快，能有多少？他們至今仍在揣測上意。

產品連絡主管柯瓦勒斯基表示，員工對於這份通告的反應還不錯。他說：「魯茲來到這裡，檢討通用汽車凡事以產品為出發點的通病，變革勢在必行。」(經濟日報 2001 年 9 月 29 日，第 9 版，劉忠勇)

問題討論

1. 通用汽車的幾個豪華車系（例如 Oldsmobile）為何日薄西山，而德國賓士汽車
   卻沒這問題？

2. 通用汽車的問題是否出在產品研發上？

3. 通用汽車想收購南韓現代汽車的目的為何？

4. 通用汽車在魯茲帶領下真能扭轉乾坤嗎？請分析其主力車型的全球銷售輛數。

美國嬌生公司靠拉森把穩舵

嬌生 (Johnson & Johnson) 公司成立於 1886 年，原本靠外傷敷料和嬰兒洗髮精打響名號，如今倚賴處方藥和醫療裝備成功地提升利潤。

該公司產品琳瑯滿目，種類繁多，一種名為 Splenda 的人工甘味劑、麗奇 (Reach) 牙刷和 Acuvue 隱形眼鏡都是代表產品，處方藥也不少，適用病症從粉刺到貧血都有。獲利成績最突出的是醫療裝備事業，傑出裝備除動脈網管，還包括血糖監測器、肝炎醫檢設備、外科用具、人工膝蓋、人工髖關節等。

一、拉森小檔案

執行長拉森 (Ralph Larsen) 1962 年就到公司工作，1989 年升任執行長以來，年營收激增，迄今已擴增為原來的三倍，約達 300 億美元。1990 年來，獲利成長經常超越 10%。

二、穩健經營

嬌生公司執行長拉森
（該公司提供）

1990 年代在競爭對手紛紛退出醫療裝備事業的同時，拉森逆勢操作，積極拓展成為全方位的保健集團（保健類股包括製藥、醫院管理、生物科技和醫療器材製造公司），現在已可看出這套策略奏效。

1990 年代中期，當對手把經營焦點轉移到製藥的同時，拉森卻在市場上推出第一種普獲採用的動脈內金屬網管，這種網管適用於剛接受血管疏通手術的病人，有助撐開血管，保持血流暢通。隨著網管銷路日增，年營收激增為 10 億美元，嬌生成為市場主導者，後來競爭對手推出性能更好的網管，嬌生的市佔率才一時遽減。

儘管如此，拉森持續投資醫療裝備事業，開發出更精良的動脈網管，這產品有望成為產品中獲利成長最快的一項。國家城市私人投資公司分析師法拉爾指出，嬌生公司不會因為一兩項事業失利，就拖累整個公司。事實上，這正是嬌生管理

高層努力的方向。

(一)買下露得清

1994 年 8 月底，嬌生公司以現金每股 35.25 美元的價格，共 9.24 億美元，向露得清 (Neutrogena) 的股東收購持股。這項收購將使嬌生公司在其銷售穩定的產品項目中，增加另一種廣受歡迎的新品牌，這些包括不需處方的泰勒諾止痛藥、麥蘭塔胃藥、嬌生嬰兒油、繃帶和隱形眼鏡等。儘管此項併購會增加新債務，但根據信用評等公司──慕迪投資公司表示，嬌生公司的債信評等良好，因此債信仍可望維持在最高級── AAA。(工商時報 1994 年 8 月 24 日, 第 11 版)

(二)第二波

1994 年 9 月，嬌生公司以 10 億美元價格向伊士曼柯達公司買進柯達的醫療檢驗事業「臨床檢驗」(Clinical Diagnostics) 公司，該公司專長於血液和尿液分析，1993 年營收為 5.35 億美元，業界形容嬌生併購價格「相當合理」。

1993 年嬌生的專業醫療產品子公司為其創造 48 億美元的業績，在「臨床檢驗」公司併購案宣佈之前，市場預期嬌生的專業醫療產品(包括醫療器材和檢驗)將締造 6.5% 的年成長，營收 51.4 億美元。未來保健市場的贏家必須進行全方位的經營，單憑處方藥或是成藥產品已無法稱霸市場，因此併購不同類的保健公司成為拓展市場捷徑，輕鬆提升市佔率和產品多樣性。業界觀察家指出，嬌生、愛莉利利和併購柯達旗下史德林溫莎的美占集團最有希望脫穎而出，藉由併購成為保健市場領導者。(工商時報 1994 年 9 月 3 日, 第 11 版)

三、樹大不分家

公司旗下有逾 190 個事業部、子公司，從生產外科手術工具的 Ethicon-Endo 到產製皮膚調理用品的露得清，全都包含在內。

常有人問拉森，嬌生為什麼不仿效競爭對手必治妥─施貴寶的作法，把醫療裝備和消費者產品事業獨立（即出售）出去，以便集中資源專心經營製藥業務。

　　拉森在 2001 年稍早的視訊會議中指出,所有具成長潛力的醫藥事業都是公司營運的焦點，這是賴以成功之處，這讓公司在同業中佔有傲人地位，經營事業的一貫性和優異性為其他同業所望塵莫及。

四、短期戰果

　　由於拉森的經營策略奏效，嬌生 2001 年第三季純益比 2000 年同季成長16%，達到 15.3 億美元（每股 49 美分），治貧血藥 Procrit 和心血管醫療裝備是拉抬公司獲利的兩大功臣。

　　股價逆勢挺揚 14%，同期間美國證交所製藥股指數下挫 2.8%。新一代動脈網管研究結果證實前途大好，有助支撐股價更上層樓。因為率先推出塗敷藥物的冠狀動脈金屬網管，嬌生旗下的 Cordis 醫療裝備子公司營收激增 20%，成為 3.26 億美元。(本文小部分修改自王寵，〈壯生和壯生，逆勢經營奏效〉，經濟日報，2001 年 11 月 3 日，第 9 版)

問題討論

1. 1990 年代中期，拉森為何能慧眼獨具的不切入製藥而切入醫療用品？

2. 拉森透過企業併購方式快速擴充的措施正確嗎？

3. 你同意拉森「樹大不分家」的主張嗎？

4. 整體而言，你覺得拉森做得好嗎？

福特汽車重塑企業文化

福特汽車是第一家發明汽車的公司，為全球第二大車廠，成立於 1905 年，員工總數達 34 萬。

一、1970 年代被日本車超越

1974 年石油危機，耗油少的中小型日本車大行其道，甚至在歐洲，每四部車就有一部是日本車。在美國，三大本土車廠市佔率節節下滑。

但是更要命的問題來自於福特生產導向的企業文化，主因是創辦人老福特的夢想，「要讓每個美國人都開福特車」，前提是要買得起，那麼車子就得便宜，想便宜就得大量生產（符合規模經濟），如此一來車型（T 型車就是代表）就很少，客戶的選擇空間大受限制，當然就拼不過人性考量、一再出新的日本車。

二、皮毛改革

1980、1990 年代，改革只是體質的改變。降低成本、提高品質，只是技術性的變革。只要能雇用好的管理人員、充分運用好的管理工具，並且持續追蹤成本和品質，改革就會成功。但是，想要長期擁有良好的表現，必須在觀念和文化上進行改革。也就是所有的員工都必須具有顧客導向心態，真正互相合作。

三、創新思維

福特汽車總裁納瑟（該公司提供）

面對重塑企業文化的挑戰，1999 年 1 月董事會任命在澳洲長大，並曾經在歐洲、澳洲擔任過總經理的納瑟 (Jacques Nasser)，擔任總裁兼執行長。對這位已在福特工作 31 年，但大多數經歷都在海外的最高主管而言，董事會所賦予的使命是：打破各子公司、各事業部、各功能部門各自為政的心態，使福特成為一家真正著重顧客需求，並且真正緊密整合的全球企業。

福特汽車公司描繪出新的企業文化 DNA：具有全球化的想法、在意顧客的需求、持續追求成長，以及深信「領導者即是老師」等四項概念。隨後，發展出「教學相長改革計畫」(the Teachable Point of View)。

四、從上課開始

「教學相長」是指透過教導、傳授或對話的過程，協助公司進行改革。對福特公司如此龐大的組織而言，這的確是最按部就班的方式，也是最具效率的方式。

在過去，大多數的企業改革都是邀請顧問診斷，而後再展開「疲勞轟炸」式的簡報，教導高階主管為什麼改革重要、如何進行改革，以及如何展開改革；這種方式不具有說服力，也讓高階主管難以參與。

但是，如果讓高階主管擔任改革的驅動者，扮演傳統顧問的角色，進行企業診斷。接著透過教導的方式，傳播改革的訊息、步驟和方式，這對員工更具有說服力，也讓高階主管產生「說到必須做到」的承諾，這正是「教學相長改革計畫」最具威力的地方！

於是，高階主管就從上課和教課開始，逐步重塑企業文化。教學相長改革計畫主要有四個部分、三階段（由上至下）：

(一)第一階段：中高階主管課程

中高階主管課程 (Capstone) 是一個為期半年的學習過程，首先，學員必須參加一個五天的密集訓練，由高階主管團隊擔任講師，跟這些學員經歷小組建立的過程、分享、討論福特所面對的挑戰，並且分配未來六個月所需進行的專案。

隨後的六個月，學員必須花費三分之一的上班時間，透過電子郵件、視訊會議或面對面方式，討論、分析和完成所指定的專案。在六個月的過程中，這些學員會一起跟講師（即高階主管）再見一次面，討論專案的挑戰、困難和進度。

最後，學員再參加一個密集訓練，提出改革想法，並跟高階主管團隊再進行分享、討論和學習。之後決定改革計畫，且在一週之內執行。

這項課程，不僅讓福特一百多位高階主管成為企業內的種子講師，也實際推動了福特的全球改革計畫。

(二)第二階段: 中低階主管課程

中低階主管課程 (Business Leader Initiative) 進行方式類似中高階主管課程，對象擴及中階、基層主管，執行的時間約一百天。活動進行方式還是從三天的密集課程開始，而後分配專案，運用一百天進行學員間的討論、分享和發展改革計畫。最後，再透過密集訓練，確定改革計畫。

在整個課程中，有兩個地方相當特別：首先，所有的學員都必須參加半天社區服務，主要目的，除了可以讓這些未來的高階主管，了解福特強調的企業公民精神，也讓他們感受到生活周遭有這麼多更需要幫助的人，進而不再抱怨或不滿。

其次，所有學員以拍攝錄影帶的方式，呈現「新福特」跟「舊福特」，以突顯出新舊福特文化的差異性。有一組學員拍攝的「舊福特」故事為，一群人站在游泳池旁，突然有一個人掉進游泳池。於是，其他人便七嘴八舌地表示：「糟糕！我們有麻煩了！趕快找麥肯錫（企管顧問公司）顧問來吧！或者，我們還是先組成一個委員會吧!」結果，這個人當然淹死了！「新福特」的故事則是，所有人跳進游泳池，救起這名落水的人。

這捲錄影帶不是真實情況，但在某種程度上，充分反映了公司原有的官僚文化。

(三)第三階段: 高階主管夥伴課程

高階主管夥伴課程 (Executive Partnering) 是專為培養深具潛力的年輕經理，成為合格的中低階主管。基本上，每次都是三位管理者組成一個實習小組。每個小組必須花費八週的時間，跟七位高階主管每天一起工作、開會、討論或拜訪客戶。針對一些企業問題或挑戰，高階主管甚至會請小組提出可行的解決方案。

對於小組來說，這是一個絕佳的觀摩和學習的機會，不僅可以學習高階主管的思考觀點，更可以了解公司長短期目標、策略挑戰和問題，以及資源分配。

(四)第四部分: 深談時間

深談時間 (Let's Chat about the Business) 是由納瑟自己進行，每週五傍晚，他

寄一封電子郵件給全球約十萬名福特員工，分享自己經營事業的看法；他也鼓勵所有的員工回寄任何想法、觀點或是建議。

他認為：福特想轉變為顧客導向的企業文化，必須要培養每一位員工，了解如何經營一家公司。在每週一次的電子郵件中，他會談全球發展趨勢、談克萊斯勒和賓士的合併、談福特的亞洲市場發展等主題，讓員工了解高階主管的經營觀點，進而讓他們也能有類似的思考角度；納瑟的電子郵件廣受員工的好評。他運用網際網路拉近了跟員工的距離，並且也增進了彼此的互動，獲得許多員工寶貴的意見和回饋。

五、企業文化產生微妙變化

教學相長改革計畫執行後，企業文化逐漸產生了一些化學變化。對福特這麼一家大型公司來說，改革是漫長而艱辛的歷程；但是，運用教學相長的方式，福特公司正逐步完成改革計畫。(本文部分改寫自編輯部，〈福特「教」出新 DNA〉，EMBA 世界經理文摘，2000 年 3 月，第 74 ～ 80 頁)

六、功敗垂成

福特是世界銷售額第二大汽車製造商，2001 年 8 月到 2003 年 8 月，股價暴跌 43%。美國《商業週刊》跟 Interbrand 公司合辦的年度百大品牌，福特汽車是退步最多的品牌之一，2002 年品牌價值 204 億美元跌 16%，2003 年只剩 170.7 億美元。(經濟日報 2003 年 7 月 26 日，第 5 版，林郁芬)

㈠ 2003 年 4 月起，破產危機揮之不去

「艾登瓊斯」(Egan-Jones) 是一家新的信用評等公司，2001 年成功預測安龍 (Enron) 和世界通訊 (World Com) 兩家公司終將爆發醜聞。2003 年 3 月預言，有一家美國最大的企業能夠免於破產，唯一的原因只是因為這一家名叫福特汽車。原因為持續的虧損、高額的利息成本、退休基金龐大的負債、過度的財務槓桿、以

及對以汽車貸款的擔保公司債的過度依賴。

3月中旬，標準普爾再度確認福特的信用評等為 BBB 水準，只比垃圾等級高一級。

福特的股價在 1999 年還是 37 美元的價位，本週只有 6.6 美元，是 1988 年來最低點。(商業周刊 2003 年 3 月 24 日，第 134 頁)

2003 年前七個月，福特汽車在美國的市佔率從 2002 年同期的 21.3% 降到21%。

2003 年 6 月，福特在密西根州第波恩總部舉辦百周年慶，為期四天，吸引 22.5 萬人參加。董事長兼執行長小福特 (William Clay Ford Jr.) 說，慶祝活動拖太久會令人分心。其實，福特 2001 年初就開始籌備百歲慶生會，後來歷經普利司通 (Bridgestone) 輪胎瑕疵致死事件、前執行長納瑟 (Jacques Nasser) 被逼退、和該年淨損 54.5 億美元等風風雨雨，似乎也沒什麼心情慶祝。(經濟日報 2003 年 9 月 1 日，第 9 版，湯淑君)

㈡笑罵由他，福特不知反省

2003 年 11 月 12 日，全球第二大汽車製造商福特汽車公司的 1,800 億美元債務遭標準普爾公司調降為最低投資評級標準。標準普爾公司直言，福特提振獲利和現金流量的能力有限。

1. 信評公司唱衰

標準普爾指出：「不論以何種標準衡量，福特未來的財務表現仍然會在標準之下。」1992 年 12 月以來，福特的債信評等已四度遭到調降。

標準普爾調降福特在信評等，突顯出福特、通用汽車和戴姆勒克萊斯勒等美系三大車廠面臨的困境。2002 年來，日系三大車廠在美國市場表現亮麗，各個獲利穩健。相形之下，美國車廠客戶退車數增加，衝擊獲利，始推出零息貸款方案也未奏效，福特和克萊斯勒的市佔率遲未增加，通用汽車 2003 年以來市佔率也在原地踏步。

標準普爾進一步指出，這次評等乃是對美國三大車廠全面評估後所得的結論。

標準普爾說，車市需求增強固然可能減輕價格競爭壓力，但是長期來講，看不出景氣回升能為三大汽車製造商帶來什麼好處。

福特在 2001 和 2002 年，計淨虧損 64 億美元之後，董事長兼執行長小福特已

開始關廠、裁員，並且推出新車款。但是標準普爾表示不認為小福特的策略能夠在 2005 年之前大幅提升福特的獲利。

2. 投資人的看法

在德意志銀行 (Deutsche Bank) 紐約私人金融事業管理 120 億元美元資產，且持有福特公司債券的基金經理卡斯特納 (Michael Kastner) 說：「福特的負債規模太大，單這點就十分不利。不過，福特已經開始按部就班落實消減成本計畫，目前為止進度都符合預期。」

3. 小福特的看法

福特債券遭調降後，小福特寄發電子郵件給公司員工，信中表達對標準普爾的決定感到失望。信中說：「本公司在穩定進步，未來也漸趨樂觀，因此我們相信此次評等並沒有正確反應本公司的經營狀況。」

㈡除了裁員還是裁員

2003 年 10 月 1 日美國汽車大廠將再掀新一波裁員風！根據《華爾街日報》報導，全球第二大車廠福特汽車，計劃在全球裁撤約 1.2 萬名員工。

儘管美國經濟復甦漸露曙光，不過來自外國勁敵的步步進逼，加上汽車價格割喉戰打得如火如荼，迫使全美三大汽車巨頭必須透過企業瘦身來增強競爭力。率先發難的福特，發佈一連串裁員措施，希望能降低它在全球 35 萬員工約 3%。裁員地區首先在海外，將削減 3,000 名工作機會。至於北美已資遣和遇缺不補減少 3,000 人，歐洲削減 1,700 人。加拿大則將透過關閉卡車裝配廠，減少 5,000 人。在 2001、2002 年度虧損 64 億美元（2001 年 54 億美元、2002 年 9.8 億美元）的福特，希望透過大規模精簡方案，能在 2003 年度達到每股 70 美分，並在 2005 年度提振稅前獲利達到 70 億美元。(經濟日報 2003 年 10 月 2 日，第 7 版，蕭麗君)

推薦閱讀

・伍忠賢,〈第六章個案：美國福特汽車的王子復仇記〉,《管理學》,三民書局,
2002 年 8 月。

問題討論

1. 福特的企業變革（從生產導向到塑造行銷導向企業文化）,方法是否正確?
2. 重塑企業文化的時程是否拉得太長?
3. 高階主管夥伴課程是否就是導師制?
4. 納瑟的作法成功了嗎? 如果沒有, 問題出在哪裡?

台塑集團的經營傳承

前言：富不過三代？

　　亞洲大企業多數屬家族企業，經營者年事已高者不計其數。在二次世界大戰後創業的這些企業家如今至少已 70 高齡，他們多數仍大權在握，而且打算鞠躬盡瘁死而後已。一些亞洲企業創辦人的子女在取得美國、歐洲大學文憑後準備接棒，也有一些企業家第二代玩世不恭。沒有接班計畫的企業，無法讓投資人、合作夥伴和員工感到安心。

　　2003 年 8 月 7 日，《華爾街日報》報導，亞洲企業面臨接班危機。年事漸老的經營者不是接班計畫規劃不周，就是接班計畫付諸闕如，造成的人事傾軋會對企業造成長期傷害。(經濟日報 2003 年 8 月 8 日，第 9 版，官如玉)

　　台塑是臺灣最大製造業集團，董事長王永慶素有「臺灣經營之神」的美譽，企業傳承備受關注。2001 年 7 月 26 日，王永慶表示有成立決策小組的構想，仍在初步規劃階段，並未具體化。以下我們就來看看台塑集團的經營傳承，以及近期規劃。

　　針對外傳九十歲（2005 年）時將交棒，王永慶表示，台塑企業沒有交棒的問題，一切交由管理制度，只要照著制度走，就能把企業經營得好。

　　至於外界相當關切的接班問題，王永慶表示，接班事宜將交由組織決定，台塑已成立六人決策小組，應可做最佳人選的考量。(工商時報 2003 年 8 月 18 日，第 1 版，呂國禎、李尚華)

表 15-1　台塑集團六人決策小組

成　員	負責公司與職稱	專責分工	2003 年營收目標	2003 年獲利目標
李志村	台塑公司總經理	石化事業	784.46 億元	124.13 億元
吳欽仁	南亞塑膠總經理	電子領域	1,200 億元	230 億元
王文淵	台化公司總經理	多角化評估	突破 1,000 億元	135 億元
王文潮	台塑石化副總經理	油品事業	2,200 億元	150 億元以上
王瑞華（王永慶長女）	長庚生物科技總經理	美國事業佈局	逾 1 億元	－
楊兆麟	台塑公司總管理處副總經理	集團財務運作	－	－

台塑集團總部（該公司提供）

2003 年 5 月 6 日，王永慶召集五人小組開會宣佈，長庚生技總經理王瑞華加入決策小組運作，這是王永慶的女兒首位列入決策小組成員，「台塑五人小組」從此改稱「台塑六人小組」。

1961 年次的王瑞華是王永慶夫人李寶珠的大女兒，曾任職台塑美國公司、長庚生物科技公司。王瑞華在臺灣念完美國學校，即到美國哥倫比亞大學深造，拿到學位後，留在台塑美國公司服務，回臺前的職位是台塑美國公司總裁。(經濟日報 2003 年 5 月 7 日，第 6 版，邱展光)

一、緣　起

台塑集團下設總管理處，整合關係企業資源已行之多年，且績效相當卓著，

台塑集團董事長王永慶
（Open 雜誌資料照片）

王永慶此時為何還要提出層級在此之上的新決策中心，不免令外界感到好奇。後王永慶時代可能演變成各立山頭，各關係企業為了股東的利益，各有各的考量，甚至有可能做出違背應照顧集團關係企業利益的決策，總管理處可能無法駕馭各關係企業。

台塑集團能有今天的成就，整合集團力量是主要關鍵，但這股整合力量，是靠王永慶和王永在當家。一旦二人不做主後，留下的問題就應運而生。尤其是王永慶對集團接班打算採取專業經理制，王永在希望子承父業。二個人的接班佈局，明顯不同，未來可能發生各自為政的局面，這是王氏兄弟最不樂見的結局。

　　早在幾年前，台塑幕僚已看出此問題的嚴重性，建議成立控股公司，凝聚家族力量，並成為集團新決策中心的構想。王永慶主動對外宣佈成立決策小組的構想，雖然和當初幕僚建議不同，但似乎也有異曲同工之處。二、三年前，王永慶開會時，就經常提到要成立類似「決策小組」或「行政管理中心」的組合，統籌企業集團內的投資與經營事宜。(經濟日報 2001 年 7 月 27 日，第 5 版，簡永祥、邱展光)

二、集團經營決策小組

　　台塑計畫在原有的集團總管理處之上，再成立一個決策小組——行政管理中心。昔日由王氏昆仲主導的台塑集團，在決策小組成立後，意味著台塑企業集體接班（或稱集體領導）已逐漸浮現，顯示王永慶、王永在昆仲的權力逐漸下放。集體領導可能只是過渡，以後第二代接班人選，隱約浮現檯面。(經濟日報 2001 年 7 月 27 日，第 5 版，王瑞堂)

㈠如何運作？

　　決策小組的功能類似清朝的軍機處，尤其是當貝勒親王也進駐時，也就等於是皇儲訓練班。小組運作方式可分為二階段：

1. 成立第一年 (2001.8 ～ 2002.7)

　　小組成立初期，是要讓未來接班人，了解台塑集團的龐大組織及共生結構，避免未來各關係企業各為自己前途打算，以致兄弟鬩牆，打亂集團核心共生結構。

　　小組成立後，每個月均安排一個下午的時間，召開五人小組會議。該會議有其必要性，報告事項鉅細靡遺，往往要花費五、六個小時。

　　甚至連台塑大樓周圍的花園，或中庭的花圃的改建或者是要種植什麼植物等如此小的事情，台塑企業也堅守著合理化傳統，必須有專人向小組報告。這就是訓練。一點一滴、慢慢累積合理化的經驗，使小組成員的眼光，從單一公司的經營者放寬到其他公司，甚至是整個企業。

2. 第二年 (2002.8 ～ 2003.7)

　　小組訓練進入第二年，決策的事項也更宏觀。一年前瑣碎的事情已經不用提

到小組會議，10億元以下的投資案，甚至只要各公司總經理決定後，轉呈給王永慶、王永在昆仲認可就行。

　　小組掌管為台塑企業集團超過10億元以上的案子，這些投資案必須專人向小組成員說明投資緣由、投資報酬率及回收期限等。小組成員經過一年的嚴格訓練，對各項數字都相當了解，報告人必須說服小組成員，投資案才能過關。(經濟日報2003年5月7日，第6版，邱展光)

3.王文淵的說明

　　2003年8月25日，台化公司總經理王文淵，首度對外談論六人決策小組的運作內幕。六人小組每個月開會一次，負責宏觀決策為主，小組運作這一年多來，成員間合作無間，彼此默契十足，對於台塑集團發展有一致共識，幾乎很少有意見不合的情形。不過王文淵也強調，六人小組運作仍在調整當中，小組運作仍有很大的發揮改進空間。

　　王文淵表示，六人小組開會時間由台塑企業總管理處提出，原則是一個月聚會一次，沒有特定的主席或主持人，開會時由各公司專案負責人提出報告，六人小組提出評估與建議，檢討是否有改進的空間，以達到最佳決策的目的，決策方向則以企業宏觀發展為主。

　　由於決策小組共有六人，外界很好奇一旦六人中，意見相左者各一半時，如何決策？對此王文淵指出，小組運作一年多來，成員之間對發展方向幾乎沒有過不同意見，也未曾發生過對立現象而必須被迫動用表決權，該模式可說是企業中罕見。

　　王文淵指出，小組成員沒有特定的專責領域，也不以原公司經營主體作為小組成員的評估項目，成員對所有議題都可以提供建議，不刻意侷限成員專業背景，至於是否要有決策成員定位問題，王文淵指出，還沒有達成共識。(工商時報2003年8月26日，第3版，呂國禎、曹佳琪)

㈡早已有分家的味道

　　台塑石化（又稱台塑六輕）已成為台塑集團命脈，其中，又以煉油廠和輕油裂解場規模最龐大。台塑企業持股佔32.46%、南亞26.74%、台化27.96%、福懋

4.34%、台朔重工 0.09%。

㈢家族權力重新佈局

王文淵及王文潮都是王永在的兒子（簡稱台化系統），在長子王文洋離開南亞塑膠公司，自創宏仁集團後，王永慶的接班態勢出現明顯的斷層。第二代以三娘李寶珠系為主，王永慶的三女兒、台塑總管理處副主任王瑞瑜，在王永慶的力拱下，應該會列名決策小組內。

三、老臣良相輔佐接班

台塑企業表示，王永慶及王永在當初為了台塑集團的接班問題，設計六人決策小組，希望透過集體決策的方式，達到集團利益最大化，在六人小組之下，各公司又規劃設置一位執行副總，負責執行六人決策小組通過事項。目前六人決策小組的運作已漸上軌道，各公司的執行副總雛形也陸續顯現，後二王時代台塑集團新的運作模式即將孕育而出。

繼 2003 年 9 月王文潮升任台塑石化總經理後，王瑞瑜升任總管理處協理後，近期整個台塑集團中高階主管陸續獲得拔擢升遷。

台塑集團內過去只有總管理處副總經理楊兆麟及台朔重工副總經理吳國雄等少數「副總級」高階主管，2003 年 10 月卻接連發佈高階人事案，中高階接班團隊逐漸浮上檯面。

1. 洪福源

台化公司協理洪福源升任副總。

2. 蘇啟邑

2003 年 10 月 16 日，台塑石化總經理室主任蘇啟邑連升二級，升任副總。

蘇啟邑畢業於成大化工系，民國 34 年次，過去曾擔任台塑公司特助，在台塑六輕完工後，派調台塑石化公司擔任總經理室主任。蘇啟邑在台塑石化總經理室主任任內，協助台塑石化擴展油品通路從無到有，一直到油品市佔率超過三成，更讓台塑六輕的烯烴廠運轉上軌道，是王文潮重要的左右手和幕僚。

蘇啟邑的職缺由原任台塑石化總經理室副主任林克彥接任，而原任烯烴事業部經理陳漢鼎則升任協理，原該事業部副理陳煥南升任經理。一般預料，包括吳嘉昭、蕭吉雄兩位協理級主管，都是下一波集團內高階主管升遷案的熱門人選，不排除有機會再順利接任南亞、台塑公司的副總經理。

台塑集團近日一連串的高階人事佈局，凸顯台塑大家長王永慶匠心獨具的六人決策小組和培訓專職管理者的接班設計，要引導台塑集團邁向共治不分家的局面，不讓這個集團年營業額挑戰 8,000 億元的石化王國，發生第二代爭權而分崩離析的情況，甚至企圖進一步打造成臺灣的洛克菲勒家族，未來還能奠下百年基礎，成為臺灣的企業名門王氏家族。

圖 15-1　台塑集團接班佈局梯隊

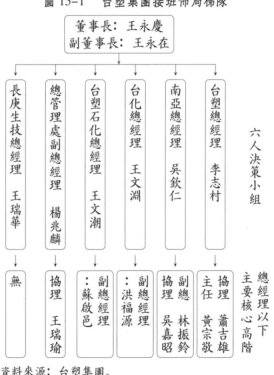

資料來源：台塑集團。

以台化和台塑石化兩家公司近年來的表現，台化總經理王文淵、台塑石化總經理王文潮來看，一人讓台化脫胎換骨，一人從無到有打下台塑石油近 3,000 億元營收的油品版圖，兩人都是先當了近十年的副總經理，後來才扶正並入選六人決策小組。

　　王氏家族中，不乏子女任職台塑集團各級主管，如王永慶次子王文祥是美國JM公司董事長，王永在小兒子王文堯任職採購部經理，目前仍在歷練當中，距離獨當一面的高階主管還有段距離，也顯示王永慶用人哲學，是事情做好才能升官，寧將台塑、南亞、台化、台塑石化幾家主要事業，先交給各總經理李志村、吳欽仁及未來副總洪福源、蘇啟邑等專職管理者，也不願輕易交給第二代。(工商時報2003年10月17日，第3版，呂國禎、李尚華)

問題討論

1. 台塑集團為何不分家？請從產業關聯性（或稱產業上中下游）來回答。

2. 集體領導是最後結局或只是過渡？

3. 決策小組中專業經理人比重會不會太多？

4. 王永慶會不會考慮各房勢力平衡？

5. 有此一說，王永在家族的權力比較大，你同意嘛？

臺南幫傳賢不傳子，夥計變頭家

　　臺南幫是臺灣極少數被冠以「幫」稱的企業集團，亞洲金融風暴中，臺南幫企業的穩健表現，令企業界稱道。而在近年來高科技產業興起下，以傳統產業起家的臺南幫，還能經常受到企業界推崇，究其原因，一位臺南幫高層主管說，除了其標榜的「三好一公道」外，臺南幫傳賢不傳子、夥計也可變頭家的企業文化，在臺灣普遍多為家族企業的經營環境中，誠屬難得一見。

　　臺南幫企業長期以來是由吳修齊坐鎮臺南、吳尊賢指揮臺北，兩人南北配合得宜，且各事業主要都已交棒給臺南幫裡的第二代，鮮少交給自己的子女，因此，吳尊賢往生，對臺南幫的接班不會有影響。

圖 15-1　臺南幫主要企業

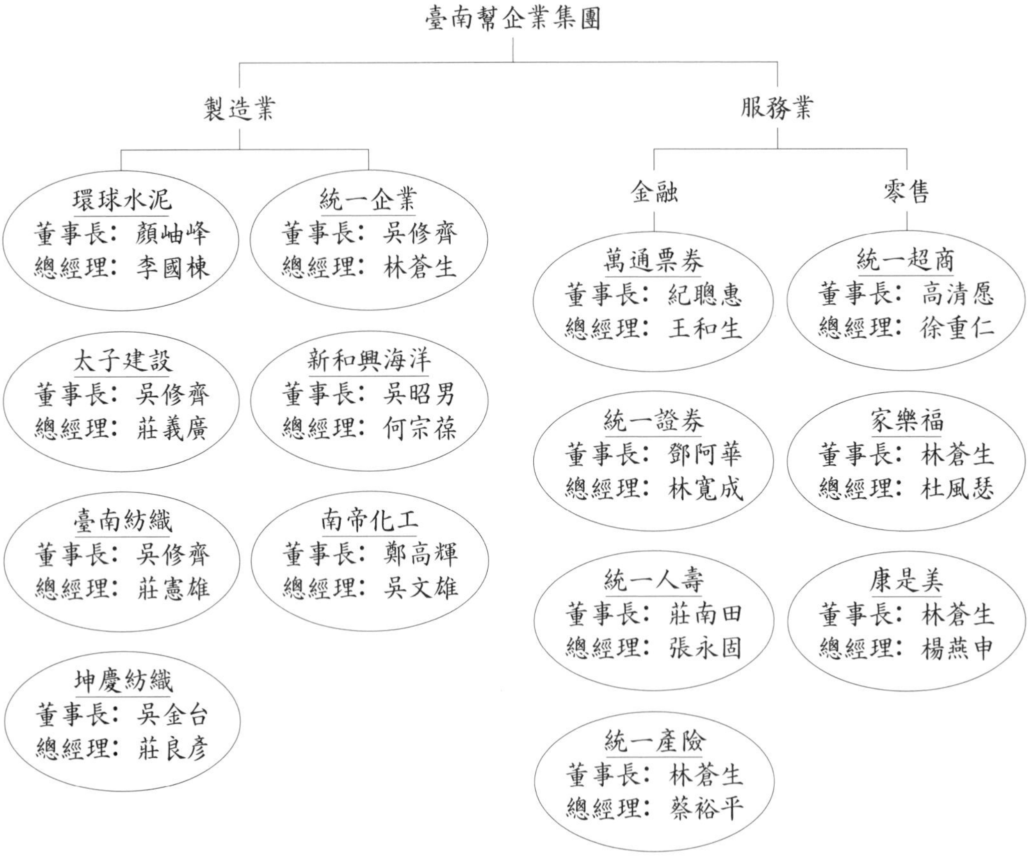

臺南幫企業集團

製造業　　　　　　　　　　服務業

製造業：
- 環球水泥　董事長：顏岫峰　總經理：李國棟
- 統一企業　董事長：吳修齊　總經理：林蒼生
- 太子建設　董事長：吳修齊　總經理：莊義廣
- 新和興海洋　董事長：吳昭男　總經理：何宗葆
- 臺南紡織　董事長：吳修齊　總經理：莊憲雄
- 南帝化工　董事長：鄭高輝　總經理：吳文雄
- 坤慶紡織　董事長：吳金台　總經理：莊良彥

服務業

金融：
- 萬通票券　董事長：紀聰惠　總經理：王和生
- 統一證券　董事長：鄧阿華　總經理：林寬成
- 統一人壽　董事長：莊南田　總經理：張永固
- 統一產險　董事長：林蒼生　總經理：蔡裕平

零售：
- 統一超商　董事長：高清愿　總經理：徐重仁
- 家樂福　董事長：林蒼生　總經理：杜風瑟
- 康是美　董事長：林蒼生　總經理：楊燕申

一、臺南幫的版圖

右起：統一集團總裁高清愿、臺南幫大家長吳修齊、統一企業總經理林蒼生（統一企業提供）

臺南幫這個龐大的企業集團，應溯自早期的吳三連、侯雨利及吳修齊、吳尊賢兄弟時代，吳氏兄弟由於跟吳三連都出身臺南縣學甲鎮，因此，始終尊稱吳三連為「宗叔」，侯雨利則曾是吳修齊的老闆，也是臺南幫早年起家的重要資金支持者。近年來，由於高清愿出任工總理事長，活躍政商界，臺南幫「大老」精神逐漸由高清愿承繼並發揚光大。

二、傳賢不傳子的背後想法

(一)吳修齊的看法

　　吳修齊在《高清愿傳》中指出，臺南幫有一個普遍的看法，選有能力的人來做事，他說：「沒有能力，即使是自己的兒子、宗族、親戚、兄弟或朋友，也不應佔據位置。」

　　以臺南幫現在的大家長吳修齊為例，臺南幫的高層主管指出，吳修齊的四個兒子吳平治、吳平原、吳建德、吳威德，都在美國發展，五個女婿中，莊南田任太子建設副董事長，統一人壽董事長，張信雄任南台技術學院校長，其餘不在臺南幫服務。

(二)吳尊賢的看法

吳尊賢生前曾在接受記者採訪時說，他認為當生意人太辛苦，最希望兒女從事的行業是教書。再以吳尊賢來看，吳尊賢的親屬指出，吳尊賢育有五子一女，長子吳昭男是新和興海洋董事長，二子吳貞良定居美國，三子吳亮宏是環球水泥副董事長，四子吳春甫為坤慶紡織副董事長，唯一的女兒吳姿秀嫁給臺大醫生林凱南，老六吳英辰是萬通銀行世貿分行經理。

環球水泥董事長顏岫峰、坤慶紡織董事長吳金台都是吳尊賢的子弟兵，此外，吳尊賢在 1998 年也已將萬通銀行董事長一職交給高清愿。

1989 年時，年滿 60 歲的高清愿準備從統一企業總經理的位子「退休」時，公司內外對接班人選猜測頗多，傳言最多的是吳修齊在美國的大兒子吳平治將接棒。這個傳言對統一企業士氣打擊頗大，為避免統一給人家族企業的印象，高清愿宣佈，接棒人選不會空降，後來果然拔擢了林蒼生出任統一總經理。(經濟日報 1999 年 6 月 27 日，第 12 版，鄭秋霜)

三、關於高清愿

1929 年出生的高清愿，美國林肯大學名譽法學博士、中山大學名譽管理學博士、南台科技大學董事長、美國伊利諾大學頒國際企業家。2001 年 11 月 11 日，成功大學推崇統一集團高清愿總裁對民生工業發展，提升食品科技，熱心社會公益與文教事業的特殊成就，頒授名譽管理學博士學位證書予高清愿。(經濟日報 2001 年 11 月 12 日，第 15 版，邱馨儀)

從小就在臺南幫這個事業大家庭中擔任「囝仔工」的高清愿，也是夥計變頭家的典型，他的女兒及女婿，也沒有在臺南幫關係企業內擔任要職。高清愿的接班人，早已屬意林蒼生，至於更遙遠的未來，林蒼生要交棒給誰？高清愿答得很妙，他

統一集團總裁高清愿
(Open 雜誌資料照片)

說：「那是他（指林蒼生）的事情，我不過問。」

四、更上一層樓

2003 年 6 月 27 日，統一企業股東大會通過 7 月 1 日起，高清愿接任董事長，原董事長吳修齊升任名譽董事長。

統一董事會認為，統一集團全面接替的時代已經到來，7 月 1 日交接後，將借重林蒼生完整資歷接任總裁，並搭配擅長財務管理的總經理林隆義，以及執行副總經理羅智先，讓整個集團的核心能力，再大大增強。

至於集團各關係企業資源整合，以及併購模式等，高清愿跟董事會達成更專業化分工，高清愿表示，流通業方面將借重統一超商領航人徐重仁，第二線的各關係企業將分階段由林蒼生接替他擔任董事長。(工商時報 2003 年 6 月 28 日，第 3 版，陳惠珍、陳彥淳)

統一企業為了加速國際化，整合集團資源，2003 年 7 月 1 日成立「事業發展策略委員會」，新任總裁林蒼生擔任主席，執行副總羅智先出任執行長。統籌全球的事業投資、預算控制、資源分配，建立「一條鞭」制度，各項研發、行銷、品牌等政策擬訂才具全方位的宏觀面（詳見圖 15-2）。

委員會成員還包括：總經理林隆義、統一企業（中國）投資公司總經理朱光男、速食群總經理謝志鵬、飲料群總經理楊文隆、食糧群總經理楊昭等。(經濟日報 2003 年 6 月 28 日，第 6 版，介中一、邱馨儀)

圖 15-2　統一集團經營組織設計

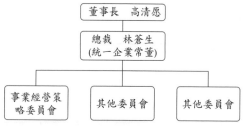

統一集團經營組織設計

問題討論

1. 家族企業能做到非家族企業「用人惟才」、「傳賢不傳子」嗎？要如何辦得到？

2. 請你再深入研究林蒼生、徐重仁等人的升官圖，以了解高清愿如何培養接班人。

3. 在高科技產業鮮少涉足，是否可以推論臺南幫經營能力不足？

4. 臺南幫在金融業的表現平平，是何原因？

英國維京集團生事業
比生小孩還快

很多大企業必須費盡力氣，設法點燃員工創業精神，但是英國維京集團（Virgin Group，註：瑞典維京的原文是 Viking）卻不費吹灰之力，就已火勢熊熊。如同一位資深經理所說：「它是個有品牌的創投公司。」它絕不會被誤認為是思想老舊的老公司。身價 30 億英鎊，創設將近兩百種新事業的集團，向世人證明：「創意」、「資金」和「人才」也能在規模龐大、版圖遼闊的公司中自由流動，如同美國矽谷的創業公司一般。

一、布蘭森側寫

一頭亂髮、鬍髭，常穿一件套頭舊毛衣，十五歲起就用學校宿舍的公用電話四處推銷廣告來辦雜誌，1950 年出生的維京總裁布蘭森 (Richard Branson) 看來活像典型的 1960 年代嬉皮：崇尚自由、反叛傳統，又特別喜歡冒險刺激。他多次駕駛高空熱氣球、超快汽船，挑戰橫渡大西洋的世界紀錄，甚至幾乎丟了命。

英國維京集團總裁布蘭森（該公司提供）

很多人佩服他把維京的品牌名聲拓展到四面八方，但也有人質疑他觸角太廣，毫不尊重專業智慧。對這兩種極端說法，布蘭森在自傳裡，坦承「對自己的直覺從不設限」。他說：「我一直努力體驗各種機會與冒險，很多絕佳點子憑空而來，我對生命好奇的本性，擴展到事業上。」

㈠商場魔力

美國《時代雜誌》形容他獨一無二又使人困惑的企圖心，跟常人大異其趣，「他對於能影響別人的權力並不感興趣，只想享受人生，並且活得淋漓盡致」。

因此，做任何生意都必須跟「好玩」扯上關係。他的創業準則：「首先，也是最重要的，所有的事業計畫都必須有趣。」布蘭森認為，做生意只要掌握三項要素：尋找適當人選、正確地使用維京品牌、防禦弱勢。

有一次他想在飛機上裝置個人螢幕，結果卻增加了整組最先進的機隊，因為他打了幾個電話後發覺：「爭取 40 億美元的貸款購買 18 架新型飛機，要比設法籌足 1000 萬美元裝設機上個人螢幕容易得多。」

敢於「玩大的」，是布蘭森衝闖商場的魔力，讓他從倫敦牛津街一家鞋店二樓的小唱片行，發展為巴黎、紐約、東京、香港——的超級大賣場，也從租用一架二手波音飛機開始營業，到直接跟英航競爭，成為英國長途飛行第二大航空公司，甚至賣起飲料，正面跟世界十大公司之一的可口可樂打對臺。

很多人對他跨入這麼多行業不以為然，但是他對品牌延伸的效應卻掌握精確。他認為只要創造時髦、有趣、自由的氣氛，不論賣唱片、機票、可樂、保險——都行得通。他自己就曾男扮女裝，穿一身新娘禮服出現在記者會，也曾以海盜面貌主持開航典禮。全世界維京品牌的商店，總是立刻成為年輕人的流行聚點。

堅持不斷跨行經營，為的也是集團的永續經營。布蘭森反對遵循專心經營一家公司、不輕易跨越界線的傳統作法。他說：「這不但會限制發展，也十分危險，如果你只專心經營唱片行，拒絕接受改變的話，只要新的事物如網際網路一出現，你的生意就會拱手讓給那些運用新媒體的人。」

(二)擴張的管理問題

至於集團不斷擴張的管理問題，布蘭森也用「把事情簡化」的原則處理。只要公司成長過大，他就把它分成許多小公司以便於管理。維京音樂曾經擁有 50 家唱片公司，沒有一家員工人數超過 60 人。

「我會告訴（原來公司的）副總經理、業務副理，或是企劃副理：『恭喜你，你現在是一家新公司的總經理，或是業務經理了，』他們不需要多做些什麼，但卻會對工作產生更大的熱情，結果總是非常理想，」布蘭森談到自己管理的祕訣說。

學歷不高，從小就有閱讀困難的布蘭森，傾向把每件事情簡單化。「每當成立一個新公司時，我最大的長處就是沒有太複雜的想法，當我考慮該在維京航空上提供什麼樣的服務時，只要想想我的家人會不會喜歡就好了，就是這麼簡單。」這樣熱情揮灑生命的企業家，在長久辛苦拼搏競爭力的臺灣，讓人覺得耳目一新。(大部分整理自蕭蔓，〈維珍旋風，好玩就做，要玩就玩大的〉，天下雜誌，2000 年 9 月，第 258 ～ 259 頁)

二、維京的事業版圖

維京的事業組合毫不設限，經營事業包羅萬象（詳見表 16-1）。不同於其他有遠見的企業家，布蘭森不把自己的視野限定在特定產業，他擁有足以創造出嶄新商業方式的眼界。與其說他發明「新事業」(new business)，不如說他發明「事業製造機」(business-making machine)。維京創造新事業的方式，跟它的「多產」一樣獨特。

2001 年 12 月 7 日，英商維京集團跟新加坡電信合資成立的亞洲維京行動電話公司，正與臺灣、香港各兩家電信業者洽商合作事宜，預計在 2002 年底之前在這兩個地區營運。(工商時報 2001 年 12 月 8 日，第 6 版，張秋康)

三、正式創業管道

除了這些非正式談話之外，維京也設立了正式的機制，以確保好點子得以出頭，獲得適當的注意和資金協助。公司的事業發展部 (business development function)，一度由一名擔任過創投公司的主管領軍，向公司所有經理人徵詢新創意，並組成非正式小組來評估最有發展前景的計畫。「維京管理」(Virgin Management) 是維京集團最像「總部」的部門，這個小組由充滿創意的人才組成，協助開創新

表 16-1　英國維京集團的事業版圖

產　業	公　司
航　空	維京藍天航空（Virgin Blue，位於澳洲） 維京大西洋航空 (Virgin Atlantic Airways)
客運火車	－
電影院	包括廣播電臺
影音連鎖	維京 Mega Store（賣 CD 等）
行動電話	維京行動電話公司（Virgin Mobil，主要在新加坡）
軟性飲料	維京可樂
消費金融服務	－

資料來源：整理自林聰毅，〈維京集團逆勢投資壯志凌雲〉，《經濟日報》，
　　　　　2001 年 10 月 27 日，第 9 版。

事業，並把公司的價值觀注入其中。事業發展跟「維京管理」扮演的角色、催生新事業的創投基金董事會，並沒有太大差異。布蘭森的左右手懷特洪 (W. White-horn)，把公司總裁比擬為對矽谷新公司挹注創業資金的投資「天使」。

維京對投資新事業的審核過程，不太像傳統公司，審核的標準主要是看四個問題：⑴改造市場，以及帶給消費者新利益的潛力如何？⑵這機會是否夠「顛覆」，而有資格掛上維京的品牌？⑶維京在其他事業所累積的技巧和專長，對於這個新機會是否有助益？⑷有沒有辦法將投資風險控制在合理範圍內？正如維京事業發展部主管麥考倫 (G. McCallum) 所說：「最佳的商業計畫跟財務無關，而是完全奠基於顧客真正的需求，以及徹底了解如何以新的方法來滿足這些需求。只要為顧客設想周全，數字自己就會好好表現。」

四、非正式創業管道

維京的商業點子無所不在，隨著公司不斷成長，布蘭森依然對想提出新點子的員工敞開大門。一度，每個員工都有布蘭森的電話號碼，他一天會接到兩、三通對新事物躍躍欲試的員工打來的電話；現在他每天接到大約 50 封員工寫的信。而他為員工所舉辦的年度「家庭派對」，已擴大成歷時一週、3.5 萬人參與的盛會，這又是另一個攔住總裁講話的機會。

舉個具有代表性的事例，有位女員工認為維京航空應該替乘客提供「馬殺雞」的服務。她堵在布蘭森的門口，直到布蘭森同意讓她在肩膀和脖子「馬」上一節。現在，機上按摩服務已是維京大西洋航空頭等艙的加值服務。另一回，一位即將結婚的空服員，想到成套的婚禮服務計畫，提供由結婚禮服、外燴、加長型禮車到安排蜜月旅行等項目。這位女士後來成為「維京新娘」(Virgin Bride) 公司的第一位執行長。維京萌芽中的網際網路事業，則是由維京媒體集團另一家公司的某位員工所開創。

布蘭森跟他的副總裁竭盡心力，把「放膽說出來」(speak up) 的文化注入維京。公司並沒有閃閃發亮的企業大廈，只有一幢龐大、稍嫌簡陋的屋子，座落在倫敦市的荷蘭公園裡。公司的會議經常在一個可俯視小花園的小溫室裡舉行，公司裡

沒有嚇人的主管特權等繁文縟節，也沒有工作清單，因為公司相信這會限制員工的表現。在公司的扁平型組織裡，資深經理跟第一線員工肩並肩工作。高階主管和平凡員工間密切交談的程度，在一般像維京那種規模的公司裡，可說是前所未見。舉個例子，財務服務維京直達 (Virgin Direct) 公司的總經理，經常在當地的餐廳訂下八個位置，任何有新點子的人都可以要求一個席位。(本個案大部分整理自林佳蓉等譯，〈維京集團驚人的事業製造機〉，遠見雜誌，2000 年 5 月，第 176～177 頁)

五、只要我喜歡，有什麼不可以

布蘭森最了不起的企業成就應該是他替自己創造了一個令人嘆為觀止的生活，這種生活跟昂貴的藝術蒐藏、參加名流俱樂部或華宅美屋無關，而是他善於經營一個能激發他的熱情、保有他的興趣，並且把家人納入其中，又能容許他特立獨行的事業生涯。

布蘭森踏上創業路途後，始終不脫離經叛道的行事風格，他喜歡打破禁忌、嘲弄大公司、放言無忌，而且我行我素。例如，他曾穿上新娘婚紗，替他的維京新娘服飾作促銷；也曾近乎赤身裸體騎在一具大行動電話上，由吊車吊著在紐約時代廣場從天而降，然而他這些看似愚蠢的行徑並未減損他事業的價值。

布蘭森熱愛冒險，而他的工作則提供許多冒險的機會，最引人注目的是他嘗試挽救協和號噴射客機停飛 (2003 年 10 月因虧損而停飛了)，以及他舉辦的高危險跨洋熱氣球比賽。他有反權威的性格，因此創造的品牌帶有反諷意味。他很容易厭煩，但是事業讓他可以不斷重新創造自己。他有難以饜足的好奇心，而他的工作則提供在教室裡學不到的教育。

布蘭森說：「我每天都在生活，都在學習——這就像在大學裡，學習一門你真正著迷的課。而在上課之餘，我的身邊圍繞著家人和朋友。」

對一個曾經應邀在微軟會議上演講的公司老闆來說，布蘭森顯得相當低科技，因為他從不用電腦，而把所有想到的事都寫在黑色筆記本上，縱使是電子郵件也以口述方式由祕書發送。

六、做事第一，賺錢其次

2000 年獲授爵士爵位的布蘭森出身英國中產階級，因為有閱讀障礙而在 16 歲時輟學，自行創辦一份年青人文化雜誌，叫作《學生》(Student)，並且期盼有朝一日成為英國的《滾石雜誌》。他從未立志賺大錢，或成為企業執行長，不過為了支應雜誌的開銷，他創立了一家唱片郵購公司，從而跨入唱片製作，也因此才有後來的維京唱片和維京大西洋航空等其他事業。他經營的事業包羅萬象，從新娘婚紗、化妝品、航空公司到鐵路公司，2001 年才跨入行動電話和消費者電子產品。他的經營紀錄好壞參半，在唱片業和航空業表現可圈可點，但是在零售業和鐵路卻一敗塗地。

他以特立獨行的冒險家風格打造一個 70 億美元的企業王國，他的身價據財務顧問估計有 26 億美元，正確數字正如他旗下企業的獲利一樣難以評斷。布蘭森擁有的公司大部分是未上市的公司，由境外家族信託公司所控制。維京集團說，2003 年的全球稅前獲利可以達 6 億美元。今日維京品牌已是全球最具知名度的品牌，他 1984 年創立的維京大西洋航空也是航空業的楷模。

布蘭森從未以建立產業中最大的公司為目標，他寧可當個搗蛋份子 —— 單挑收費太高的行業（音樂）、挾持消費者的行業（行動電話），或苛待消費者、呆板無聊得令消費者受不了的行業（航空業）。

他對源源不絕、穩定的獲利也不感興趣，所以偏愛持有未上市股票，布蘭森 1986 年讓維京大西洋公開上市，但是 1988 年後股票市值下跌一半，又恢復為私人公司。他說：「經營上市公司不能前一年獲利 4 億美元，後一年卻虧損 3 億美元。」但是這正是他最喜歡的方式：把一家事業的獲利投資在另一家新事業，而且藉此可以省下大筆稅款。

因此，維京集團的運作像一家綜合創投公司，布蘭森擁有旗下 224 家公司的多數股權，各家公司有自己的執行長和董事會，布蘭森的七人顧問小組成員（由銀行家、策略師和會計師組成的團隊）分別在各董事會佔有一席。各公司也有自己的外部投資人或合資夥伴，例如新加坡航空公司持有維京大西洋約半數股權，

美國斯普林特公司擁有維京美國行動電話事業約半數股權。

維京旗下英國行動公司 (U.K. Mobile) 執行長亞歷山大說：「布蘭森的動機跟其他人不同，他的動機是做事……錢是副產品，如果能賺錢，當然很好，因為這樣他才能繼續下去，做更多事。」(經濟日報 2003 年 9 月 30 日，第 9 版，吳國卿)

(一)腦力激盪創意無限

布蘭森身邊盡是一些追隨他多年的工作夥伴，特別助理派克已替他工作 30 年，確保他沒有落掉任何一件事。顧問小組為他捕捉創業構想，並且具體化為企業架構，讓投資人感興趣。布蘭森大量重用自己不熟悉領域的專才，向桂格麥片、麥肯錫顧問和瑞銀集團借將。

布蘭森不算完全授權的經營者，在英國行動公司開始營運的第一個周日，早上 6 到 7 點他就打 4 通電話給執行長。但是他和其他執行長不同的是，他會欣然接受意外的發生。英國行動公司執行長亞歷山大說：「布蘭森有點像手上有一堆化學品的小孩，將這些材料混在一起，看看會發生什事。」

喜歡搞怪的布蘭森，公司的廣告大部分由他擔綱。為了幫婚紗公司促銷，他穿上新娘服；2002 年 7 月在紐約推出維京行動服務時，他穿著膚色緊身衣搭乘堆高機，由博德曼大樓的屋頂降到時代廣場。他曾自我調侃，自己已年老色衰，或許該讓年輕的兒子（18 歲）上鏡頭。

他的家人認為，布蘭森絕不會輕言退休。布蘭森的記事本顯示在工作 30 年後他仍幹勁十足。這本日記本從 2003 年 3 月開始記，上面密密麻麻記下每一次的腦力激盪、業務談話、交易評估，跟顧問、投資銀行業家、合夥人之間的談話；也記下考慮在加拿大成立手機公司、在日本成立低票價航空公司或另一次越洋熱汽球比賽。(經濟日報 2003 年 11 月 11 日，第 40 版，管如玉)

(二)股票上市

在合夥人堅持下，維京旗下企業邁向上市之路，2003 年 11 月 10 日，澳洲維京藍天 (Virgin Blue) 航空公司創辦人布蘭森 10 日在布利斯班宣佈，這家低票價的航空公司 12 月 8 日在澳洲證券交易所新股上市。(經濟日報 2003 年 11 月 11 日，第 9 版)

推薦閱讀

· Richard Branson,《維珍傳奇──品牌大師布蘭森自傳》, 時報出版股份有限公司, 2000 年 7 月。

問題討論

1. 維京集團是否想透過內部創業來維持集團成長?
2. 維京集團會不會撈過界了?(對照拙著《策略管理》第四章第一節過度多角化)
3. 在對英國人有保守刻板印象的前提下, 創業家布蘭森是否把公司經營得比美國人還更美國人?
4. 維京對新事業投資的審核程序跟一般創投公司有何不同?
5. 你認為「做事第一, 賺錢其次」的經營理念會讓公司持久成功嘛?

百年「新」店——美國
優比速

UPS 公司董事長艾斯庫（該公司提供）

美國優比速 (UPS)，成立於 1907 年，是全球最大快遞服務公司，已有 94 年營運歷史，總部設在喬治亞州亞特蘭大市，2000 年的營收 300 億美元，承攬運送量佔全美國國內生產毛額的 6%，員工數高達 36 萬人，是員工數第四位的企業。

優比速幾年來都有不錯的獲利績效，而且 2000 年的營業現金流量高達 42 億美元，股東權益報酬率高達 30%。投資人對優比速歷年來卓越的營運績效，都極為滿意。

很多人問到優比速為何卓越？為什麼歷經 94 年歲月仍未見老化？優比速董事長艾斯庫 (Michael Eskew) 認為，人才、品牌、核心資源是 UPS 數十年來決勝一切的根基。

一、人　才

㈠第一線人員

優比速之所以成功，正如該公司董事長 Michael Eskew 所說：「UPS 帶給顧客信賴感。」美國是一個犯罪率偏高的國家，但是，全部優比速運輸服務員所穿著的茶色制服以及他們在一般水準以上的素質，正代表著顧客在收貨簽名或託送時所代表的信賴，信賴公司服務品質和員工安全素質。

優比速的薪資在美國運輸服務界算是佼佼者，他們聘用較高素質的送貨服務員，每小時工資 24 美元，是美國業界平均值的二倍以上。因此，優比速員工離職率每年只有 1.8%，員工向心力非常強，高薪容易吸引到好的人才，即使是司機也是一樣。

優比速員工平均服務年數高達 16 年，是美國一般勞工的 4 倍，有五千多名貨車司機學歷都在大學以上。究竟什麼原因讓如此多白領階級和高教育水平的勞工爭相要到優比速擔任貨車司機？

以下的資訊也許能提供一些答案：貨車司機在進入公司 30 個月後，薪資水準就能達到全美藍領勞工階級的頂端，年薪達 7 萬美元以上；資深的司機（給薪）年假最多有 9 週；勞工醫療保險保費全數由公司負擔；服務滿 25 年退休後一年最多可領 3 萬美元。

如果這些還不夠吸引人，再看看該公司內部升遷的機會。執行長艾斯庫跟他的繼任者都是從年輕時就進入公司，並一路從基層爬升到今天的地位。

由於薪資、福利條件優渥，優比速的工作機會往往能吸引許多學經歷背景都不錯的人應徵。而且，在多數應徵者眼中，優比速不單是暫時棲身之處，而是可一輩子奉獻青春的地方。

1952 年次的溫蓋特原本是一名獸醫，因為不堪長時間工作和壓力過大而結束診所業務，改行到優比速當司機。同樣地，1977 年時，從蒙大拿大學藥學系畢業的史泰格也選擇進入優比速開貨車。

當時他的家人頗不能理解為何堂堂一個藥學系畢業生要去開貨車。但是史泰格表示，就薪資待遇和福利來說，優比速的司機並不亞於藥劑師。「更重要的是，在優比速，你看得到你的未來。」史泰格如此認為。

不過，天下沒有白吃的午餐。在優渥的薪資、福利背後，優比速的員工可是經過層層考驗才能保住外人眼中的「鐵飯碗」。想當優比速司機不僅要通過各種訓練，還要熟悉公司的高科技電子送貨系統，訓練過程中淘汰率可能高達三成。

在錄取之後，每次出車都必須克服各種意外狀況以確保及時送達的使命，而且還要把事故機率降至最低。

《優秀企業》(In Good Company) 一書共同作者柯恩 (Don Cohen) 指出，在許多大型企業中，優比速提供長久穩定的工作以及從內部拔擢人才的企業文化讓該公司顯得相當與眾不同。如果能達到公司的要求，許多人就希望一輩子都留在公司。

在沒有退休年齡限制的優比速，度過第 57 個年頭的彼得斯至今仍對工作抱持高度的熱忱。如果問他何時要退休，1922 年次的他總會回答：「退休？我還沒打算要退咧！」(工商時報 2003 年 11 月 4 日，第 30 版，林秀津)

㈡管理決策委員會

由各部門一級主管組成的管理決策委員會,十三名成員中有十一名曾經在第一線現場做過,包括現任執行長,也有豐富現場經驗。因此,對於事情的討論和決定,都能快速、有效且正確。

二、品　牌

優比速不只提供空運運輸服務而已,更強調「一次購足」(one stop shopping) 的最佳問題解決者 (best solution)。優比速雖有很多大企業顧客,但也有更多的中小企業,因此他們經常也有其他周邊服務需求,包括融資資金、代收貨款、報關等,優比速提供全系列完整服務。

三、核心資源

優比速跨國營運成功是由四項核心資源組成,包括巨大航空機隊、綿密卡車車隊 (15.3 萬輛貨車)、倉庫理貨中心和即時資訊中心等緊密搭配,形成強大競爭力。

優比速自有和承租總數達 622 架飛機,是全球飛機數最大的空運公司。優比速花費 10 億美元,在肯塔基州路易比爾市新建物流中心,佔地面積高達驚人的 10 萬坪。全球各地空運到美國的快遞包裹,全部先集中到此地,理貨後再轉運到美國各州去。

這個號稱「Hub 2000」的全美物流中心,每小時可以處理 30 萬個貨運包裹,最大容量為 50 萬個,也是全世界處理能量第一大的物流中心。物流中心已完全資訊化和自動化。(改寫自戴國良,〈人才,品牌,科技打造 UPS 百年競爭力〉,工商時報,2001 年 11 月 28 日,第 34 版)

推薦閱讀

·編輯部，〈優比速公司前任 CEO 凱利，用核心優勢跑天下〉，《EMBA 世界經理文摘》，2002 年 2 月。

問題討論

1. 請比較 UPS、聯邦快遞的運費，以了解價格是否為惟一的競爭優勢。
2. 請從顏色心理學角度來看 UPS 的茶色制服真的能給客戶信賴感嗎？
3. 高薪是聘到好司機的原因，而此又帶來公司高收入，進而形成良性循環，你認為這樣的說法對嗎？
4. 如果你是聯邦快遞，有什麼方法超越 UPS？

第十七章

法國「拿破崙」高恩
——成本殺手為日產找回新生機

臺灣的裕隆汽車掛的是日本日產 (Nissan) 汽車的招牌，這家在日本僅次於豐田汽車的公司，卻因經營不善，以致在 1999 年時被迫賣給法國雷諾汽車公司。

跨國經營本來就不容易，更何況是瀕臨破產的公司，這重責大任就落在總裁兼執行長高恩 (Carlos Ghosn) 身上。

一、雷諾拿下日產

1999 年 3 月 28 日，法國雷諾汽車公司（當時董事長史懷哲）以 54 億美元吃下日產汽車（當時社長縞義一）36.8% 股權。兩家公司的汽車產量達 480 萬輛，在全球排名第四。

不過投資人對這項消息反應平平，日產股價 29 日在東京股市早盤一度上漲 2.37% 到 476 日圓，之後就開始回軟，收盤 468 日圓，僅上漲 0.6%。

美國債信評等機構慕迪公司也不看好這椿交易，29 日宣佈日產和其關係企業的長期債券評等仍維持在屬於垃圾債券等級的 "Ba1"，理由是兩家公司的企業文化迥異，以及雷諾不願直接面對日產的債權人。慕迪指出，負債累累的日產今後必須在競爭日趨激烈的環境下經營，並跟財力更雄厚的同業競爭，使日產更難挪出研發經費來還債。近年來，日產在海外市場的銷售大不如前，在日本市場也面臨需求不振的困境，導致公司負債如滾雪球般愈滾愈大，截至 1998 年 3 月止，負債高達 210 億美元。(經濟日報 1999 年 3 月 30 日，第 29 版)

另一家債信評等機構美國標準普爾公司 (S&P)，也把雷諾的評等列為負面且待觀察。(工商時報 1999 年 3 月 27 日，第 5 版，謝富旭)

這兩家汽車公司在美國均沒有廣大的市場，亞洲和南美市場也因經濟危機陷入困境，而歐洲車市的成長又呈疲軟。雷諾在美國並沒有銷售轎車，而日產正苦於市佔率和銷售量節節下滑的問題。雷諾派其第二號經理人高恩帶領管理小組進駐日產公司，以執行企業再造計畫。

表 17-1　日產小檔案

日產汽車是日本第一家乘用汽車製造廠，誕生於二次大戰之前，由田健次郎、青山祿郎與竹內明太郎三位日本貴族，在 1932 年製造出日產第一輛車 Datson，為一輛 495cc 的小型雙座敞篷跑車，開啟了日產汽車日後 70 年的高性能、高科技風光生涯。

(一)為什麼雷諾雀屏中選？

1999 年初歐洲傳來德國戴姆勒克萊斯勒公司要收購日產的傳言，接著是法國雷諾跟日產談判等。

日產為什麼選擇全球排名十名之外的雷諾，而不是排名第五的戴姆勒？根據報導，戴姆勒要求收購日產六成股權，想要全盤拿下日產的經營權，但日產希望保留經營權，因此戴姆勒只好於 1999 年 3 月 10 日放棄。(經濟日報 1999 年 3 月 12 日，第 29 版，何世強)

(二)行銷綜效

行銷綜效是大部分汽車廠先想到的併購動機，因為全球車廠供過於求，生產不成問題，怎麼賣才是問題。

1.行銷互補：產品

雷諾汽車的專長在於小型汽車，日產可以在競爭趨於激烈的小型車市場，獲取雷諾的經驗和技術，雷諾也可以從日產方面導入高級車的生產。

2.行銷互補：地區

日產的主要據點在亞洲和北美，雷諾則集中在歐洲。雷諾透過這次的資本合作，不但一舉從世界排名第十一位推向第四，還可以享用日產在北美洲和亞洲的銷售網路，打開這些地區的市場，由一個歐洲企業翻身成世界級企業，而日產也可以鞏固在歐洲的市場，堪稱兩全其美。

(三)研發互補

由於歐洲市場對排廢氣的規定非常嚴格，日本汽車廠商的環保技術可以提供給雷諾相當好的借鏡。這些環保方面的投資，光由一家汽車公司負擔，絕對不堪負荷，兩家共同研究，可以節省一半的經費。

(四)生產綜效

日本汽車業開始出現「年銷售車輛數不到 400 萬輛的公司，很難在現有市場

生存」的說法。日產年銷 283 萬輛，雷諾 191 萬輛，兩者合起來為 474 萬輛，規模大約相當於豐田汽車，也合乎了「最少 400 萬輛」的水準。

二、有關高恩

日產汽車總裁兼執行長高恩（該公司提供）

高恩自謙本身並不是日產的「拿破崙」（註：高恩身高 170 公分），但外界因高恩整頓企業經常有非凡的表現而譽其為「成本殺手」(cost cutter)。

高恩出身於巴西的移民家庭，祖父生於黎巴嫩山區，因沒有工作，沒有錢，更因在黎巴嫩沒有希望，於 20 世紀初移居巴西。高恩和其父皆出生於巴西，至今高恩仍有巴西的公民權。高恩的母親為法國人，雖然出生在里約熱內盧，但上的是法國學校，從小一直受到法國教育的薰陶。高恩因數理成績特優而進入法國學校的理工科，法國的教育系統讓高恩朝向企業界發展。

在各種不斷的競爭當中，成本殺手高恩經常是勝利者。高恩指出，做事總會有失敗，而且常有這種可能性。他也經歷過許多挫折，因此心裡經常有「失敗念頭」，而為避免失敗經常盡力而為，也要求周圍的人全力以赴。

三、問題出在哪裡？

日產何以負債最多時高達 420 億美元，何以陷入業績不振，就連日本人也覺得奇怪。高恩指出，要點皆彙整在日產重生計畫內。

高恩走馬上任後，歸納出日產業績不振的原因有：⑴追求利益不徹底；⑵客戶導向不徹底；⑶機能、地區、職位等橫向型業務，缺失良多；⑷欠缺危機意識，舉例而言，日產的經營不是因應客戶的要求而是只看競爭對手，隨競爭對手起舞，這可以說是沒有危機意識；⑸欠缺共同的展望、共同的長期計畫。

面對業績不振的五大缺失，高恩祭出了日產強身健魄的藥方，分別從穩固基

礎、事業發展、採購策略、生產製造、撙節管銷費用、削減財務成本、重新架構組織、裁減人員、訂立獲利目標等著手。

1999 年 10 月，高恩被派至日產時，天文數字的債務令日產瀕臨破產邊緣。他為日產把脈，開出調和體質的大補仙丹「日產重生計畫」。

日產重生計畫重要的有：關閉五家工廠、供應商減半、全球裁員 2.1 萬人、削減管銷費用二成、削減成本目標 84 億美元、有息負債削減五成、投入新商品以及跟雷諾合作。

(一)打仗靠幹部

重生計畫分成九個課題，包括：七項企業活動、車種削減、組織和決策流程，每個課題成立一個 CFT（Cross Function Team，跨功能部門團隊），由一百多位中堅幹部負責。每個專案小組各由一名 40 歲出頭的年輕幹部擔任組長，他們被稱為「機師」(pilot)，高恩告訴他們：「你們就是日產的主角，日產今後就要依靠你們。」

高恩要求這九個團隊，各自提出他們削減成本的計畫。1999 年 9 月中旬，第一次的「發表會」在公司裡召開，每個小組分別上臺報告一個半小時，全部成員都出席此一會議。電腦的畫面投射在一個大螢幕上，各小組長以英語詳盡的說明，花了十個小時。

聽完後，高恩問他們：是不是還有更能降低成本的方法？實現的可能性有多少百分比？他要他們進一步檢討，一個星期以後，再提出報告。

(二)集中採購

他的目標是要在三年內削減二成成本，當他發現過去以地區和國別，向 1600 多家零件商採購時，他相當吃驚。他大刀闊斧，改成集中採購，即使是日產的關係企業也不例外。

他說，這對供應商帶來的衝擊也許很大，但是作為日產的領導人，要讓日產能夠再生，重點不是去供養這麼多的公司，而是應該考慮如何建立一個安定的往來關係，如果有任何部分會對獲利帶來負面影響，日產只有割愛。

(三)員工的看法

日產的員工對高恩所帶來的「革命」，有許多不同的感慨。

1.改革派

大多數員工的心聲：「為什麼到現在，日產的經營團隊沒有辦法進行這樣的改革?」他們認為，在 1955 年時，日產的市佔率還有 30%，但其後每下愈況，卻沒有人太在意，經營團隊也沒有採取任何補救措施，才會造成今天這種無法挽回，需要讓法國佬來為日產開刀的局面。

2.抗拒派

有些面臨被遣散的日產員工更激憤的表示：「為什麼日產的老闆自己不敢進行這樣的改革，卻任由一名老外對日產盡情宰割? 宣佈這些裁員計畫的，應該是縞義一社長本人才對，而不是高恩，為什麼日產的社長逃避這些責任?」

罹患大企業病的日本大企業，似乎只有大刀闊斧地改革，才能有所起色。從最近日本各大公司都裁員，來換取公司復興的活力來看，這是時代的潮流。

(四)資產重建

另一個讓高恩覺得不可思議的是，日產的債務高達 117 億美元以上，但是卻仍保有 1400 家公司股票。他問，日產公司保有富士重工（日本一家重工業的上市公司）公司 4% 的股權，究竟代表什麼意思? 本身的負債這麼大，為什麼還要保有其他公司的股權? 這只表示日產缺乏經營策略。

他對外宣佈，除了跟日產公司密切關連的四家公司，其他的股票全部都要賣掉。只是他以三年作為基準，慢慢把手中的股票釋出。他強調：「這絕對不是賤賣，而是在計算成本之後，一個階段一個階段地釋出。」

高恩曾誇下海口，如果在 2000 年會計年度（2000 年 4 月至 2001 年 3 月）結算沒有轉虧為盈，管理團隊（包括高恩在內）將全部下臺。印證今天日產的業績，「科技的日產」，汽車銷售量已一掃減少的窘境，轉為增加。同時，據《東洋經濟週刊》發行的《上市公司四季報》預測，日產汽車獲利將達到 100 億美元。（工商時報 2001 年 3 月 11 日，第 9 版，邱輝龍）

㈤著書分享

高恩連續兩年榮登《汽車產業新聞》(*Automotive News*) 全球最佳汽車公司執行長，並常常躍居日本雜誌封面人物。

2001 年 11 月，高恩在日本跟二位作者合著日文版的《文藝復興》一書，描寫日產汽車起死回生的故事，高恩說:「當一個人擁有成功經驗時，應該跟他人分享。」(經濟日報 2001 年 11 月 13 日，第 9 版，黃哲寬)

四、全球最具影響力的執行長

2001 年 12 月《時代雜誌》和美國有線電視新聞網 (CNN) 共同票選出全球最具影響力的二十五名企業執行長，高恩以其成功改造日產的實績，榮登年度全球最具影響力排行榜首位，微軟董事長蓋茲居次。

47 歲的高恩臨危受命接掌經營不善的日產汽車的執行長，他大刀闊斧進行企業重整，包括關廠、裁員和雇用新的汽車設計人員。在他的帶領下，從 2000 年虧損 56 億美元扭轉至 2001 年獲利 25 億美元，其成功改善企業經營體質的方法成為業界的範本。日產浴火重生的故事成為日本第一暢銷書;據此，高恩被票選為 2001 年全球最具影響力企業主管第一名。(工商時報 2001 年 12 月 4 日，第 5 版，林國賓)

五、日產加雷諾全球車市第五大

日本汽車製造商 2003 年上半年銷售量穩定成長，歐美大廠則持續低迷，其中豐田汽車公司即將迎頭趕上美國福特汽車公司，躍升為全球第二。

豐田、日產汽車和本田公司推出小型卡車等暢銷車款，歐美市場佔有率因此升高。福特和戴姆勒克萊斯勒公司透過收購和合併擴大規模但是未能發揮綜效，銷路依舊低迷。

日產跟雷諾聯盟表現可圈可點，日產彌補雷諾的不振，上半年包括富豪汽車等企業集團合計銷售量為 276 萬輛 (約增 1%，日產以產量計算)，拉大跟德國福

圖 17-1　2003 上半年主要汽車廠商新車銷售量

2003上半年主要汽車廠商新車銷售量

單位：萬量

```
            0    100   200   300   400
美國通用     ████████████████████ 427(▼0.4)
美國福特     ████████████████ 344(▼2.4)
日本豐田     ███████████████ 338(9.0)
德國福斯     ███████████ 251(0.7)
德國戴姆勒克萊斯勒 █████████ 221(▼7.0)
法國標緻雪鐵龍  ███████ 169(1.9)
日本本田     ██████ 149(4.8)
日本日產     ██████ 144(6.8)
南韓現代     █████ 141(6.4)
法國雷諾     █████ 122(▼4.5)
```

(包括子公司，日產為產量。括號內為年增率，▼表負數)

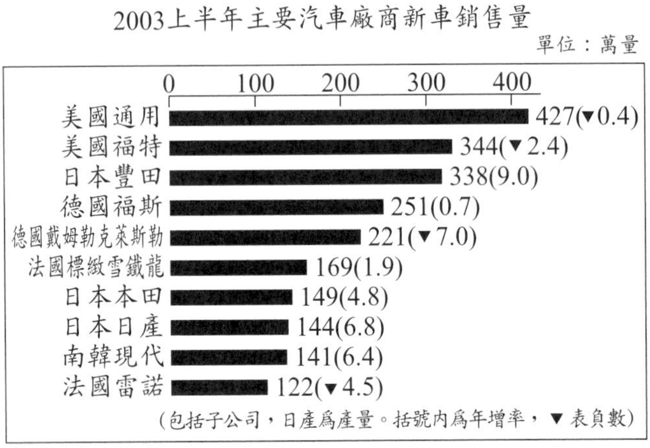

資料來源：日本經濟新聞。

斯集團的差距，排名全球第五（詳見圖 17-1）。(經濟日報 2003 年 8 月 9 日，第 8 版，孫蓉萍)

六、財務、股市績效

高恩過去幾年來在日產推行艱困且必要的整頓有成，普受日本企業界的推崇，他的改革措施使原本虧損累累、債臺高築的日產汽車搖身變成一家組織精簡而且很會賺錢的公司。在短短四年間還清超過 2 兆日圓的集團債務。至 2003 年 3 月底止的 2002 年度出現空前盈餘，獲利增加近一倍，由每股 8 日圓增至 14 日圓，2004 年度的盈餘預計由 2003 年度的每股 19 日圓增至 24 日圓。

高恩重申日產汽車在大陸擴大營運以及研發燃料電池汽車的承諾，董事會決定在 6 月 20 日至 9 月 30 日之間買回 4,000 萬股日產股票，市價高達 530 億日圓。

七、高恩將更上一層樓

(一)加薪三成

拜美國和日本汽車銷售大幅成長之賜，這家日本市值第二大的汽車製造商連

續第三年獲利創下新高，跟 2000 年的空前虧損窘態相較，簡直不可同日而語。為答謝管理階層的領導績效，2003 年 6 月 19 日股東大會決定把高恩、副總經理小枝至，以及其他五位董事的薪酬上限，由原本的 15 億日圓提高至 20 億日圓(1,700 萬美元)。高恩說，由於有人未達成所有目標，2002 年日產汽車董事拿到的薪酬總額比原定預算的 15 億日圓少，為 13.5 億日圓。

㈡出任新力的董事

一旦獲得新力公司股東大會同意，高恩將出任新力的外部董事，高恩表示，他可能會邀請新力的主管擔任日產的外部董事。

㈢功成不身退

高恩在 2005 年將回法國擔任雷諾汽車公司 (Renault) 執行長後，仍將繼續領導日產汽車，他將指定他在日產汽車的接班人。(經濟日報 2003 年 6 月 21 日，第 8 版，林聰毅)

推薦閱讀

1. 陳普日，〈日產與雷諾攜手合作〉，《EMBA 世界經理文摘》，1999 年 4 月，第 98
   ～ 104 頁。
2. 陳普日，〈法國殺手如何改造日產〉，《EMBA 世界經理文摘》，2000 年 12 月，
   第 92 ～ 98 頁。
3. 伍忠賢，〈第五章個案：日產汽車高恩的跨部門團隊改革奏效〉，《管理學》，三
   民書局，2002 年 8 月。

問題討論

1. 戴姆勒克萊斯勒會不會要求太高了（要拿下日產六成股權)?
2. 雷諾會不會犯了「以小吃大」的自不量力毛病?
3. 高恩的改革計畫好嗎?
4. 你從高恩的變革管理學到什麼?
5. 高恩跟德國戴姆勒克萊斯勒的施倫普作法差別為何?

第十八章

聲寶反敗為勝，三年有成

1960～1980 年代，臺灣家電業者內外銷都很吃香，但 1990 年代，成本優勢被南韓、東南亞國家打破，反倒成了夕陽工業。甚至連著名的聲寶公司都出現虧損，經過 1998～2000 年三年的重造，終於反虧為盈，媒體譽為「浴火重生」。

一、緣　由

1936 年成立的聲寶，在台積電、聯電等大廠未誕生前，已是科技人才嚮往的企業，但是也因歷史悠久，人事、人情等包袱盤根錯節，吃大鍋飯的情形普遍，造成營運績效不彰，家電本業陷入連連虧損，還要靠處分業外來挹注獲利。

於是，董事長陳盛沺在 1999 年，邀請國巨副董事長陳泰銘進入聲寶，授權他大刀闊斧地改革聲寶沉痾。陳泰銘曾以「隨便在地上拿幾塊布，就可以製造出產品」的效率著稱，他的改革、整頓，切除了聲寶這棵大樹上壞死的枝幹，再由何恆春接棒，使枝葉重新發芽，促成聲寶的新生。

1998 年聲寶曾經爆發虧損最高的 3.4 億元，引爆經營危機，招來許多責難之聲。公司正身陷傳統產業經營困難、難以自拔，董事長陳盛沺曾經尋求跟東元合併。1998 年聲寶本業獲利只有 1.6 億元，稅後虧損 3.4 億元；東元本業獲利達 11.7

表 18-1　東元和聲寶近二年財務結構及營運績效比較表

單位: 億元

項　目	東　元			聲　寶		
	1998 年底財報	2000 年底財報	增減 (%)	1998 年底財報	2000 年底財報	增減 (%)
現金及約當現金	79.39	12.93	−83.7	1.64	5.3	+223
負債總額	185.89	274.3	+47.5	66.05	77.35	+17
負債比例	62%	84%	+35.5	55%	56%	−
毛益率	18.28%	18.41%	−	20.09%	19.69%	−
營益率	5.57%	2.25%	−59.6	1.29%	4.71%	+265
稅後純益率	8.81%	6.31%	−28.3	−2.74%	14.82%	大幅改進由虧轉盈
董監事酬勞	0.51E	0.81E	+58.8	0.2E	0	董監無酬勞
稅後淨利	18.5	13.14	−28.9	−3.4	21.03	由虧轉盈超越東元

資料來源: 東元、聲寶財報。

億元，稅後淨利達 18.5 億元。雙方實力差距甚大，聲寶又未經整頓，因此慘遭東元拒絕（詳見表 18-1）。

　　未獲東元青睞，陳盛沺轉而跟國巨集團合作，引進陳泰銘團隊進行改造，在管理團隊主導下，聲寶在兩年半內脫胎換骨。2000 年聲寶本業獲利提升至 6.68 億元，稅後淨利更提升至 21 億餘元，本業獲利成長逾三倍，手中掌控的現金也增加兩倍多。(工商時報 2001 年 11 月 12 日，第 7 版，曾萃芝)

二、臥薪嘗膽

聲寶董事長陳盛沺 （Open 雜誌資料照片）

　　陳盛沺以「臥薪嘗膽」的作法，把營運總部從南京東路，移至林口家電製造中心，大幅進行開源節流鐵腕措施，並引進國巨總經理陳泰銘出任聲寶總經理，陳泰銘強調經營企業以利潤為導向，採取降低經營成本，以及對業績緊迫盯人的強勢作風，聲寶的營運和獲利終於開出長紅。

　　「雙陳」在經營特質上，也多有互補之處。陳盛沺長於領導，充分授權；陳泰銘則積極推動不合理改造，在帶動聲寶改革中，扮演最佳的互補角色。

　　將資源重組，把母公司定位在資訊家電服務的提供者為主，核心事業則把家電產品做上下垂直整合，例如從冷氣機延伸至子公司的壓縮機。在執行方面，集中於研發和通路兩大領域，產品製造委託國外廠商，如韓國三星、東南亞等。

三、企業再造

　　與其說聲寶是採取企業再造(比較偏向流程再造)，還不如說實施企業重建(詳見拙著《策略管理》第四章第四節)，尤其是資產重建。

(一)打出壞牌

聲寶指出，英國路華汽車已了解聲寶正進行企業改造，將淡出非核心事業的汽車銷售。據了解，從上一輩手上接下聲寶集團的陳盛沺，一直想在集團中創出屬於自己的事業，因此創立汽車事業部。極盛時期擁有聲寶汽車、聲寶租車、路華汽車等公司，其中聲寶汽車更是克萊斯勒汽車在臺銷售當紅時期的四大代理商之一，克萊斯勒當時也創下一年銷售 2 萬輛的空前佳績。

然而成立八年來從未賺過錢，最高一年新車銷售量曾經將近 2000 輛，但由於近年來在 Rover 房車跟原廠價格談判上進展不順，而停止引進 R75 等房車產品，僅靠休旅車品牌 Land Rover 獨撐大局，2000 年銷售量僅剩數百輛。

隨著車市環境演變，聲寶汽車在克萊斯勒來臺成立分公司收回代理權後，轉型成為地區經銷商，並更名為寶慶汽車，在 2000 年結束營業；在汽車租賃界小有名氣的聲寶租車，2000 年則賣給裕隆汽車集團，並於 2001 年 5 月被合併至格上租車。

聲寶已在 2000 年 12 月向英國路華汽車提出結束代理權一事，聲寶跟路華的代理合約在 2001 年 6 月底結束。聲寶集團汽車事業最後一個灘頭堡路華汽車，手上唯一的 Land Rover 汽車代理權和經銷通路，6 月份全部移轉至六和集團下的九和汽車，宣示聲寶集團全面退出汽車事業。(經濟日報 2001 年 5 月 30 日，第 37 版，陳信榮)

(二)叫進好牌

聲寶獲利潛力看好的電子事業為數位相機、傳真機，聲寶 2001 年 1 月獨立成立銓寶光電，初期資本額 1 億元，由於市場看好，第一年就可望出現利潤。

四、合理化管理

聲寶融入電子產業「速度、效率、降低成本」的經營優勢下，生聚教訓，「雙陳」聯手合作，聲寶脫胎換骨，經營體質轉佳，經由企業合理化改造，提升經營

效率，是今日致勝的關鍵。

舉例來說，聲寶以前每週工時 44 小時，而台積電 47 小時，聲寶卻每年提撥稅前盈餘 23% 作為員工紅利，是上市公司最高。這些福利比其他企業好，但經營績效卻沒有相對的好，陳泰銘感到相當質疑而予以廢除。

過去一個公文要蓋八個章，公文來回時間是三週。陳泰銘認為，這對於電子業來說，時機早已不復存在，何來效益？聲寶已改成只剩下三個圖章，他要求經營成效由部門最高主管負成敗全責，而不是過去全由蓋最後一個章的董事長承擔結果。

㈠大陸生產

陳盛沺指出，聲寶企業改造很重視瘦身，旗下重要子公司的返馳變壓器產品，全部移至大陸生產，大幅節省人事開銷，三年下來，聲寶員工由最高的 3,000 多人降低至 1,000 多人。

另在大陸獲利最突出的新寶電機，月產能 3800 顆返馳變壓器，量產和市佔率都居全球第一，2000 年獲利約 5 億多元，聲寶將規劃二年內在大陸深圳創業版上市，成為該公司大陸廠第一家掛牌公司。(工商時報 2000 年 12 月 26 日，第 16 版，杜蕙蓉)

大陸廠因品牌建立不易，除部分產品仍保留自有品牌外，其餘將跟前五大家電廠商策略聯盟，並以他們的通路佈局，已開始展開合作的廠商是在大陸彩視市佔率第一名的 TCL 王牌公司，聲寶在一年前就為 TCL 公司原廠委託製造 (OEM) 冰箱和洗衣機，2000 年聲寶子公司瑞智精密跟 TCL 合資成立「TCL－瑞智公司」，並在 2001 年下半年生產壓縮機。

㈡產品改良

聲寶在將士用命下，終於展現傲人的績效，本業方面，轟天雷電視機、數位影音光碟機和數位相機等電子產品銷售暢旺。2000 年彩色電視機銷售總量達 24.1 萬臺，比 1999 年成長 30.39%。在除濕機和冷氣機等產品也有大幅成長，除濕機成長 130.13%，冷氣機成長 16.52%。

五、不行就換人做做看

陳盛沺說，經營不善的事業體主管就要換人，由表 18-2 可見各子公司的獲利狀況。人事的佈局，強調沒有班底，結合家電和電子產業的特色，借重電子業強調「經營速度」的重要性，使聲寶經營家電事業、壓縮機、監視器和半導體事業更具效益。

新寶集團高階主管 1999 年進行大換血，頻向電子業借將徵才，也是集團企業改造、邁向獲利之道的大工程之一。例如，戴爾前臺灣總經理李肇家被聲寶挖角，擔任副董事長特別助理，加入管理團隊，借重他在戴爾電腦的行銷經驗和電子商務的專長，規劃 B2B、B2C，推動在經銷商的通路改革。

前致福電子通訊副總經理鄭西淇出任聲寶電子事業部主管和板橋廠廠長，前致福財務副總經理謝國雄出任聲寶財務副總經理兼發言人。生產監視器為主的新寶科技總經理為何恆春，他原任致伸電子執行副總經理。

至於聲寶家電事業部廠長仍由陳輝宗、電子事業部由協理劉坤旺繼續接掌，瑞智精密總經理由原廠長李文進出任，上寶半導體總經理陳連春等優秀幹部則沒有異動。新寶集團旗下投資事業的獲利紛紛由虧轉盈，也是母體聲寶獲利大幅增加的要因。

六、三年有成

2000 年營收 142.14 億元，比 1999 年營收 107.47 億元，大幅增加 34.67 億元，成長 32.25%，稅前盈餘達 21 億元，領先同業，每股稅前盈餘約為 2 元，獲利為

表 18-2　聲寶關係企業獲利情況

關係企業	1999 年	2000 年
瑞智精密	-1 億多元	2.6 億元
新寶科技	-5 億元	2 億元
上寶半導體	-0.5 億元	2.7 億元
大陸子公司	-	2 億元

歷年來最好，比 1999 年盈餘僅 500 萬元，獲利能力令人刮目相看。2001 年的稅前盈餘成長 5～10%，獲利向上挑戰 23 億元。(經濟日報 2001 年 1 月 14 日，第 11 版，張義宮)

七、多方結盟，志在全球

2002 年 2 月 20 日，國巨、新寶集團跟大陸最大的資訊、家電業者山東海爾集團，在香港簽定結盟協議，根據彭博資訊的報導，雙方將互相代銷對方的產品。三大企業合作，在兩岸建立生產、銷售等方面合作，可創造互補效應，提升彼此競爭力。(經濟日報 2002 年 2 月 20 日，第 3 版)

2002 年 3 月 18 日，聲寶宣佈跟國際家電大廠西屋策略聯盟，聲寶並且透過西屋母公司的瑞典怡樂智 (Electrolux) 集團、也是全球最大白色家電銷售企業的世界經銷網，爭取今後原廠委託製造 (OEM) 訂單，把聲寶的家電推向全球市場。(經濟日報 2002 年 3 月 18 日，第 1 版，張義宮)

海爾與 TCL 大陸兩大家電集團是新寶的客戶，2003 年，聯想電腦也與新寶集團積極接觸，新寶 2004 年可望與海爾、TCL、聯想三大集團攜手進軍數位電視市場。(經濟日報 2003 年 10 月 25 日，第 5 版，林信昌)

八、進軍大陸

2003 年 10 月 24 日，新寶集團斥資三千萬美元設立的「大陸營運總部」昆山星寶科學園區，舉行啟用典禮，包括中共國務院國臺辦主任陳雲林等四百餘位政商界人士、上下游廠商親臨現場，展現集團深耕大陸十年的雄厚實力，TCL、海爾和聯想等大陸家電三雄，都派出副總裁到場，並表達跟新寶集團擴大合作的意願。

新寶集團旗下包括十五家關係企業，包括老牌家電廠聲寶、監視器廠新寶科技和壓縮機廠瑞智等三家上市櫃公司。「星寶科學園區」主要為新寶科技所投資，佔地達 1,600 畝，有六條液晶監視器和液晶電視 (LCD TV) 生產線，年產能 400 萬

臺，二條影音光碟的生產線，DVD+RW 年產量達 100 萬臺，及一條電漿電視生產線，年產能 20 萬臺。

星寶園區是新寶集團位於大陸的最大投資案，加上主打當紅的平面電視、多媒體影音、資訊和通訊產品，已被設定為集團的「大陸營運總部」。值得注意的是，星寶科技園區擁有五成的大陸內銷權，因此未來也將成為集團搶攻大陸十二億消費人口的重要根據地。(工商時報 2003 年 10 月 25 日，第 18 版)

九、展望未來

㈠ PDP 低價搶市場

聲寶 2003 年的電漿電視 (PDP) 出貨量可達 10 萬臺，已是全球前兩大代工廠，市佔率達 10%，2004 年將挑戰 20 萬臺的出貨目標，預計將可挹注營收高達 100 億元，朝全球最大電漿電視供應商努力。

聲寶集團董事長陳盛沺計畫要由「臺灣的聲寶，邁向世界的聲寶」，電漿電視是聲寶外銷的新秀，以美國和歐洲市場為主，面板主要供應商來自三星電子、樂金飛利浦，同時跟台塑集團旗下台朔光電積極接觸合作。

聲寶在 2002 年底相繼擊敗日系和韓系大廠，取得歐洲市場的 25 億元、北美市場近 30 億元的電漿電視訂單，讓聲寶在全球電漿電視市場的重要性與日俱增。(經濟日報 2003 年 10 月 25 日，第 19 版，林信昌)

㈡財務績效

聲寶 2003 年營收上看 230 億，本業獲利 10 億元將創 1992 年來新高，2004 年營收挑戰 300 億元大關。(經濟日報 2003 年 10 月 25 日，第 19 版，林信昌)

㈢策略雄心

陳盛沺坦言，聲寶這些年被太多人超越，落後太多，現在要急起直追，目標要像鴻海和廣達一樣，每年都有五成成長，因此他設定未來新寶集團每年都要有

20% 以上的成長，「在 2005 年之前，營收達到一千億元以上水準」。

陳盛沺表示，聲寶從不把東元看成對手，而是當成好朋友，因為「除了馬達之外，沒有東西可以競爭」。總經理何恆春則強調，該集團只設定新力和夏普為競爭對手。(工商時報 2003 年 10 月 25 日，第 18 版)

十、聲寶三劍客

2001 年起，聲寶開始轉型，向外銷市場邁進。2003 年，聲寶外銷和委託製造訂單衝上 150 億元，成為全球家電代工大廠，跨出「世界聲寶」第一步。

聲寶近年轉型成功，有三位關鍵人物，分別是聲寶董事長陳盛沺、前聲寶副董事長兼總經理陳泰銘及聲寶總經理何恆春，並且以何恆春的改革成效最突出，以代工和自有品牌的外銷策略，成功打進歐美市場，創造了 2003 年上半年 5 億元獲利的佳績（詳見表 18-3）。(經濟日報 2003 年 8 月 10 日，第 3 版，張義宮)

表 18-3　聲寶主力產品的內外銷概況

項 目	2002 年		2003 年		
	內 銷	外 銷	內 銷	外 銷	營收貢獻
電漿電視	2,000 臺	2 萬臺	4,000 臺	9.6 萬臺	65 ~ 80 億元
冷 氣	15 萬臺	10 萬臺	18 萬臺	12 萬臺	35 ~ 40 億元
冰 箱	12 萬臺	7 萬臺	12 ~ 13 萬臺	27 ~ 28 萬臺	約 40 億元

資料來源：聲寶。　　　　　　　　　　　註：2003 年為公司預估。

問題討論

1. 1998 年東元是否錯失入主聲寶的大好機會？

2. 陳盛沺救亡圖存的時機掌握如何？

3. 陳盛沺為何向外找變革經理 (turnaround manager)？

4. 聲寶引進陳泰銘團隊而反敗為勝，陳盛沺此舉是肚量大還是不得不如此？

策略管理　伍忠賢／著

最有效的商戰指引：作者曾任職於知名上市公司，累積數十年的經驗，使本書內容跟實務之間零距離。閱讀本書，無論對學習相關學門的學生或公司經營者都有極大幫助。

最實用的考試寶典：內容及所附案例分析，對於應付研究所和EMBA入學考試均能遊刃有餘。

最完整的資料錦囊：引用HBR、JIBS、SMJ、SMR等著名管理期刊約四百篇之相關文獻，讓您可以深入相關主題，完整吸收。

管理學　伍忠賢／著

　　本書抱持「為用而寫」的精神，以解決問題為導向，釐清大家似懂非懂的概念，並輔以實用的要領、圖表及個案解說，將其應用到日常生活和職場領域中。標準化的圖表方式，雜誌報導的寫作風格，使您對抽象觀念或時事個案，都能融會貫通，輕鬆準備研究所等入學考試。

國際財務管理　伍忠賢／著

　　本書讓您具備全球企業財務專員及財務長所需的基本知識，實例取材自《工商時報》和《經濟日報》，與實務零距離。章末所附之個案研究可供讀者「現學現用」。不僅適合大專院校教學，更適合碩士班（包括經營企管碩士班，EMBA）之用。另附贈教學光碟，提供絕佳的教學輔助工具，也讓自修的讀者能夠享受e-learning的好處。

投資學　伍忠賢／著

　　本書讓您具備全球、股票、債券型基金經理所需的基本知識，實例取材自《工商時報》和《經濟日報》，讓您跟實務「零距離」。章末所附的個案研究，讓您「現學現用」！不僅適合大專院校教學之用，更適合經營企管碩士班（EMBA）使用。

財務管理　伍忠賢／著

　　細從公司現金管理，廣至集團財務掌控，不論是小公司出納或是大型集團的財務主管，本書都能滿足您的需求。以理論架構、實務血肉、創意靈魂，將理論、公式作圖表整理，深入淺出，易讀易記，足供碩士班入學考試之用。是本可讀性高、實用性更高的絕佳工具書。

策略管理學　榮泰生／著

　　本書的撰寫架構是由外（外部環境）而內（組織內部環境），由小（功能層次）而大（公司層次），使讀者能夠循序漸進掌握策略管理的整體觀念。同時參考了美國暢銷「策略管理」教科書的精華、當代有關研究論文，以及相關個案，向讀者完整的提供最新思維、觀念及實務。另外，作者充分體會到資訊科技及通訊科技在策略管理上所扮演的重要角色，因此在相關課題上均介紹最新科技的應用，如數位企業的價值鏈、空間競爭下的波特五力模型等。

管理學　榮泰生／著

　　本書融合了美國著名教科書的精華、研究發現以及作者多年擔任管理顧問的經驗，在撰寫的風格上力求平易近人，使讀者能夠很快地掌握重要觀念；在內容陳述上，做到觀念與實務兼具，使讀者能夠活學活用。可作為大專院校「企業管理學」、「管理學」的教科書，以及各進階課程的參考書籍；從事實務工作者，也將發現本書是充實管理理論基礎、知識及技術的最佳工具。

國際企業管理　陳弘信／著

　　國際企業經營管理本身包羅萬象，涉及層面廣且深，有鑑於此，本書綜合各領域，歸納成國際經濟與環境、國際金融市場、國際經營與策略、國際營運管理四大範疇說明。在內容編排上，每章都附有架構圖，並列有學習重點，條列探討主題；另外配合實務個案的引導教學以及個案問題與討論，讓讀者運用所學，進行邏輯思考與應用，反思回饋產生高學習效果。

行銷管理　　李正文／著

　　作者在本書中提供了紮實的行銷基本功，將各行銷理論作完整的介紹，並精心構思出幾點不同於一般行銷管理書籍的特色：1.將所有案例、實際商業資料分門別類，配合理論交叉安排呈現在文中，讀來既有趣又輕鬆。2.引進大量亞洲相關行銷商業資訊，不似其他書籍讓人以為只有西方國家才有行銷。3.融合各國行銷案例，使本書除了基礎原理之外，實則有國際行銷之內涵，讓閱讀的學子能夠輕鬆反三，將行銷管理知識融會貫通成為自身的智慧。

國際財務管理　　劉亞秋／著、蔡政言／修訂

　　國際金融大環境的快速變遷，使得財務經理人必須深諳市場才能掌握市場脈動，熟悉並持續追蹤國際財管各項重要議題發展，才能化危機為轉機。本書內容如國際貨幣制度、匯率相關之概念、國際平價條件、不同類型匯率風險的衡量、各種國際金融市場的功能、跨國企業的各項管理與資本預算決策等，皆為國際財務管理探討議題中較為重要者。

財務管理——觀念與應用　　張國平／著

　　本書由經濟學的觀點出發，強調事前的機會成本與個人選擇範圍大小的概念，並以之澄清許多迄今仍是似是而非的觀念。書中的內容包括：成本與效益分析、風險與報酬、衍生性金融商品、公司資本結構、公司治理與廠商理論等。書中引用並比較了經濟大師的看法，每章還附有取材於經典著作的案例研讀，可以幫助讀者們更加瞭解書中的內容。本書很適合大學部學生及實務界人士閱讀。

財務管理——理論與實務　　張瑞芳／著

　　財務管理是企業的重心所在，關係經營的成敗；然而財務衍生的金融、資金、股票、貨幣等，構成一複雜而艱澀的困難學科。有鑑於目前部分原文書及坊間教科書篇幅甚多，且內容艱辛難以理解，因此本書著重在概念的養成，希望以言簡意賅、重點式的提要，能對莘莘學子及工商企業界人士有所助益。

財務管理　戴欽泉／著

　　在全球化經營的趨勢下，企業必須對國際財務狀況有所瞭解，方能在瞬息萬變的艱鉅環境中生存。本書最大特色在於對臺灣及美國的財務制度、經營環境作清晰的介紹與比較，並在闡述理論後，均設有例題說明其應用，以協助大專院校學生及企業界人士瞭解相關課題。本書融合了財務管理、會計學、投資學、統計學、企業管理觀點，以更宏觀的角度分析全局，幫助財務經理以全盤化的思考分析，選擇最適當的財務決策，以達成財務（企業）管理的目標──股東財富極大化。

人力資源策略管理　何永福；楊國安／著

　　全書以經營成效為中心理念，探討人力資源管理在企業經營中所應扮演的角色。首先分析企業的內在和外在環境與經營目標和策略的形成，並以例子詳加說明。隨後以經營成效和行為理論說明人力資源作業和策略的關係。此外，本書尚包含勞資關係、人力資源電腦化的介紹和美日人力資源管理的比較。這幾個章節也依前述架構加以闡述，其最終目的在於落實人力資源管理，提升企業經營管理成效。

生產與作業管理　潘俊明／著

　　本書於第四版中再次充實國內外「生產與作業管理」領域的新課題，內容更加完整。書中文字深入淺出，相關討論分門別類且兼具理論與實務，適合作為各學習階段之教科書。本書已將此一學門所有重要課題包括在內，章節之編排有條有理，可協助讀者瞭解本學門中各重要課題之起源、發展、相關專有名詞、常見問題與討論，以及可用之模型、決策思潮與方法等，並可藉以建立讀者的管理思想體系及管理能力。